KB263219

BIO ENERGY
EV
업무시설의
에너지
관련한 건축물
하랑
도서출판

업무시설의 에너지 관련한 건축물

발행일 : 2025년 08월 24일
출판사 : 하랑출판
주   소 : 서울시 중구 퇴계로28길 8
전   화 : 02. 2263. 3337

Contents

세라믹 오피스 빌딩
Ceramique Office Building

DZ은행
DZ Bank

스위스 유니온 뱅크
Union Bank of Switzerland

센트로 5 오피스 + 주거 건측
Centro 5 Office +
Res1dent1al Building

다목적 오피스 빌딩
Mixed Used Building

오스트리아 뱅크
Austria Bank

하이포 알페 아드리아 은행
Hypo Alpe−Adria−Bank AG

리콜라 유럽 공장과 창고
Ricola Europe Factory
and Storage Building

누노타니 동경 빌딩
N.C. Building

TAK 빌딩
TAK Building

비트라 공장
Vitra Factory

힐베르숨 오피스
H1lversum Office

Introduction

개요

최근 아시아 지역에는 고층 건물들이 많이 들어서고 있다. 최근에 말레이시아에 지어진 쿠알라룸프 타워나 상하이의 마천루들, 그리고 국내에 계획 중인 부산 롯데월드 등에서 볼 수 있는 이러한 고층 건물들은 대부분 신흥 개발 도시에 들어서고 있는데, 이것은 자본의 문제와 상징성의 문제를 가지고 있다. 대도시의 토지 밀도도 중요한 역할 중 하나일지 모르지만, 유럽의 도시들을 보면 이것만이 전부는 아닌 것 같다. 유럽에서는 고층 건물들을 찾아보기가 쉽지 않은데, 근래에 고층 건물들이 꽤 들어선 독일 프랑크푸르트는 유럽의 상업 도시로서 그 명성을 날리고 있고, 이러한 건물들은 대부분 은행 건물이나 유명 기업 사옥으로 지어졌다. 즉, 이러한 고층 건물은 그 건물 소유 기업을 상징하는 자본주의의 산물이 되고 있는 것이다.

한편 고층 건물로 들어서지 않는 곳은 같은 규모로 들어설 경우에 하나의 블록을 형성하면서 들어서는 경향이 있다. 이것은 넓은 대지를 확보해서 수평적으로 펼쳐 구성되는 것이다. 이러한 구성은 임대용 건물보다는 사옥 용도로 사용되는 경우가 많은데, 내부에 중정과 같은 녹지 공간을 조성하거나 아트리움을 마련해서 친환경적인 근무 환경을 만들어서 공간의 질을 높이고 업무의 효율성을 꾀하고 있다. 이러한 친환경 건축은 요즘 현대 건축의 주요 화두가 되고 있는데, 특히 기존 업무시설 건축에서 강조되었던 임대 면적에 관한 강조가 이제는 공간의 질에 대한 관심으로 돌아서고 있다.

업무시설 에너지 관련 건축의 주류는 크게 유럽과 미국의 경향이 다르다. 먼저 미국의 경우는 친환경적 설비를 기계적인 방법에 바탕을 두고 있는 반면, 유럽의 경우는 건물 구조 시스템을 이용한 방법이 주류를 이루고 있다. 하이테크 건축가들이 이러한 방법을 적용하는 선두주자에 서 있는데, 이들이 최근에 강조하는 건축 개념의 화두가 하이테크를 이용한 친환경 건축이다. 노만 포스터가 설계한 프랑크푸르트에 있는 타워는 이것을 반영한 대표적인 건물 사례로 꼽히고 있다. 그리고 현대 유럽의 유명 기업 건물들은 대부분 세계적인 건축가들에 의해 설계된다. 이러한 건물들은 그 도시 내에서 강한 인지도를 가지면서 관광 명소가 되기도 한다. 즉 유명 건축가에 맡긴 건물들은 매스컴을 타게 되고 세상에 알려지면서 자연스럽게 그 건물 소유의 기업 이미지도 자연스럽게 알려지게 되고 홍보할 수 있게 되는 것이다.

독일에 있는 DZ 은행 건물은 일반 은행 건물과 달리, 일반 방문객 및 관광객들이 끊임없이 방문하는 곳이다. 이 건물 내부에는 프랭크 게리가 설계한 아트리움 공간이 있는데, 방문객들은 오직 그 공간을 체험하기위해 그곳까지 찾아오는 것이다. 그리고 이러한 홍보 이미지는 건물들이 하나의 단지를 이루고 있는 경우도 있는데, 비트라 공장이나 네델란드에 있는 미디어 파크가 그 대표적이다. 비트라 공장은 가구 공장이라는 특성, 즉 디자인을 강조하는 기업답게 유명 건축가들을 불러 개별적으로 건물들에 디자인을 맡겨 그 기업 이미지를 높였고, 한편 미디어 파크 안에는 MVRDV의 대표작들이 들어서 있는데, 이곳을 방문하기 위해서는 따로 견학 프로그램을 신청해야만 한다. 즉 현대의 기업 건물들은 자본주의라는 큰 틀 안에서 수익성을 우선시 하지만 그 대상이 면적이라는 물리적 측면보다는 기업 상징성과 이미지, 공간의 질에 대한 가치에 대한 것으로 강조되면서 더욱 풍부한 디자인을 가진 건물들이 탄생하고 있다. 그리고 이것은 홍보의 대상이 되고 있다.

현대 〈업무시설〉의 특징과 건축적 특성-2

건축 사례

세라믹 오피스 빌딩 Ceramique Office Building

이 건물은 Wiel Arets의 작품으로써 그가 자주 사용하는 노출콘크리트와 유리블록을 이용해서 디자인한 건물이다. 건물은 두개의 직사각형의 매스가 서로 어긋나게 배치되어 있다. 그리고 어긋나서 돌출 된 매스의 하부는 비워두어 있는데 전면은 입구의 케노피 역할을 하고 있다. 특히 입구는 기둥을 설치하지 않아서 구조적 긴장감을 유발하고 있고 비교적 낮게 처리해서 열린 공간이면서 닫힌 공간을 만들고 있다.

DZ 은행 DZ Bank

이 건물은 Frank O. Gehry의 작품으로 그의 작품성향을 볼 수 있는 건물이다. 건물의 외부는 대로에서 전면만 노출되어 있는데, 그 외관은 크림색 대리석으로 마감되어있고, 직사각형의 프레임 없는 규칙적인 창들이 배열되어서 있어서 깨끗하면서 안정감 있는 모습을 보여주고 있다. 이 건물의 내부 공간에는 상징적인 공간으로 표현되어 있는데, 내부에 아트리움 을 만들고 그곳에 조각적인 매스를 첨가해서 공간을 생동감 있게 표현하고 있다. 내부의 이 매스는 물고기의 모습을 형상화한 것으로 프랭크 게리는 가장 생동감 있는 존재를 물고기라고 말하면서 그 형상을 추상화해서 표현하였다. 회의실용도로 사용되는 이 매스는 내부 아트리움 공간에 오브제로서 존재하고 있다. 특히 재료를 차별화해서 더욱 그 이미지를 부각시키고 있는데, 목재의 따뜻한 이미지와 천창의 유리, 이곳에 요동치는 티타늄의 추상적인 매스는 더욱 생동감 있게 표현되고 있다.

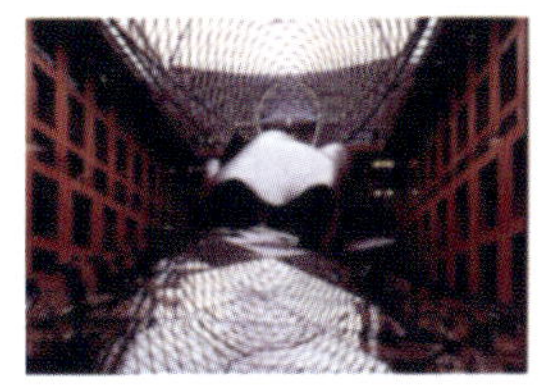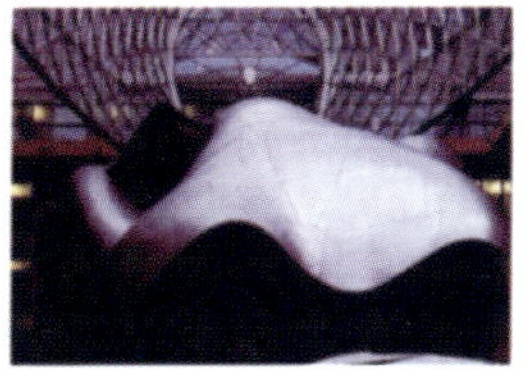

스위스 유니온 뱅크 Union Bank of Switzerland

루가노 호수를 바라보고 동쪽을 향해 마치 커다란 조개가 그 입을 벌리고 있는 모습과 같은 이 〈스위스 유니온 뱅크 빌딩〉은 루가노 호수가의 대표적인 건축물로 유명하며, 호수 근처 마리오 보타가 만든 목조 성당 모형으로부터 그리 멀리 떨어져 있지 않다. 루가노 지방은 마리오 보타의 고향으로서 상당수의 건물들이 그에 의해 건축되었는데, 이 건물도 그 대표적인 작품 중 하나이다.

Introduction

마리오 보타의 다양한 건축물 가운데 특히, 은행과 같은 업무용 건축물은 대개 공통적으로 원을 사용하거나 가운데 부분에 유리 블럭을 사용하는 특징을 지닌다. 이러한 특성은 루가노 지방뿐만 아니라 다양한 지역에서도 역시 공통적인 것으로, 마리오 보타의 전형적인 건축 유형으로 볼 수 있다. 그의 교회 건축에서 볼 수 있는 원의 구성, 즉 원을 경사지게 구성하는 방식은 루가노 지방이나 프랑스 등지에서 모두 공통적인 것으로 이것 역시 하나의 유형으로 볼 수 있다. 더욱이 문화시설에서 보이는 전면 벽면의 구성과 스트라이프 띠도 역시 마찬가지라 볼 수 있다. 이와 같이, 〈스위스 유니온 뱅크 빌딩〉은 그의 은행 건축의 전형적인 유형으로 파악할 수 있다. 전면의 매스는 호수를 향하여 팔을 벌리듯 개방되어 있는데, 이는 건축 구성상 하나의 원을 반으로 자르고 그 원의 중심으로 가운데 정방형 박스를 떼어내는 방식이다. 그 결과, 가운데 부분은 반원 상태에서 매시브 한 정방형 부분을 떼어내고, 그곳에 호수색의 투명하고 가벼운 철골 트러스와 유리 재료를 사용하여 건물의 육중함을 상당부분 경감시키는 구조로 처리되어 있는 것이다. 이러한 건축 구성은 그의 루가노에 있는 대부분의 오피스 빌딩에서 공통적으로 나타나는 건축 구성상의 공통점이다.

센트로 5 오피스+주거 건축

Centro 5 Office + Residential Building

루가노 도심 한 복판 Via Generale Guisan에 위치한 〈센트로 5 오피스〉는 마리오 보타 자신의 건축사무소가 있는 건물로 유명하다. 이 곳을 중심으로 마리오 보타의 은행건물과 오피스 빌딩들이 가까운 거리에 산재해 있는데, 대부분 은행 건물로 사용되며, 일부 오피스군(群)으로 쓰이고 있다. 이 건물의 경우, 주변의 조용한 환경으로 인해 일부 주거로 사용되며, 1층에 인테리어 사무실, 2, 3층에 마리오 보타의 건축사무실이 위치한다. 전체적인 건물의 구성은 완전한 원을 사용하여 다소 고전적인 느낌을 주고 있는데, 주변의 반원 또는 일부 원을 사용함으로서 나타나는 역동성이라는 측면과는 달리 안정되고 부드러운 느낌이 강한 건물이 되고 있다. 마리오 보타에 의하면, 이 건물을 디자인할 때, 고대 로마 건축과 르네상스 건축을 참조하였다고 하는데, 고대 로마의 원형 신전 건축의 모티브와 르네상스 시대에 지어진 템피에토(Tempieto)와 같은 건축 이미지가 강하게 표현되고 있다고 볼 수 있다. 따라서 이 건축물의 경우, 고거와의 환유적 표현 또는 지역성을 배경으로 한 역사성이 강한 건축물로 볼 수 있다.

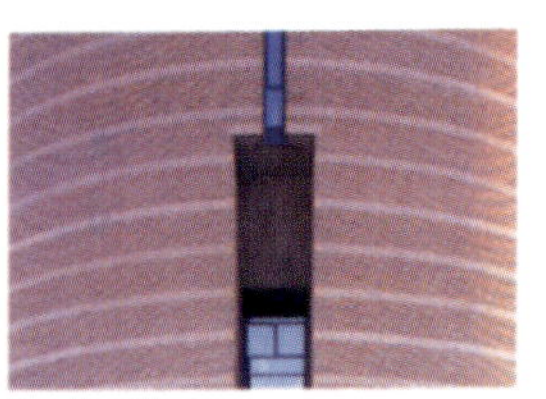

현대 〈업무시설〉의 특징과 건축적 특성-2

다목적 오피스 Mixed Used Building

루가노 도심 한 쪽 Via Ciani에 위치한 〈복합용도빌딩〉은 마리오 보타 자신의 건축사무소 옆으로 도보 10분 거리 안에 위치한다. 대부분 이 건물은 은행 건물로 사용되며, 일부 카페테리아, 일부 오피스로 전용되고 있다. 카페의 경우, 전면 광장 측에 있어 주변의 오피스군(群)에 서비스하는 기능을 하며, 이 건물만 서비스하는 것은 아니다. 일부 오피스의 경우, 건물 전체에 비해 그 규모가 크지 않지만, 은행 이외에도 개인 오피스 기능이 부가되어 다양한 사무소 용도의 건물이 되고 있다. 은행은 전면 광장을 중심으로 주 매스 부분에 설치되어 있으며, 건물군(群)은 'ㅁ' 자형으로 구성되어 중정식 광장을 중심으로 넓게 대지를 활용하고 있다.

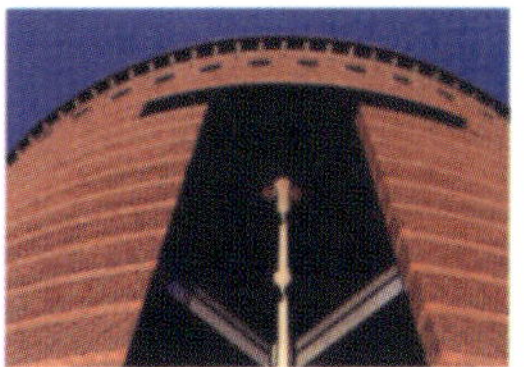

하이포 알페 아드리아 은행 Hypo Alpe-Adria-Bank AG

아날로그 방식으로부터 대규모 공사의 완전한 디지털 제작으로의 평행적 변화. 이것이 톰 메인과 모포시스 그룹이 추구하는 핵심적 디자인 개념이다. 이들은 실제 〈하이포 알페 아드리아 은행〉에서 이러한 기법을 사용하였는데, 그들의 사무소가 위치한 지역적 공간(LA지역)에서의 소규모 프로젝트를 직접 감독하는 것에서 아시아와 유럽의 원거리 지역의 더 크고 복잡한 프로젝트들을 관리하는 방식에 그것을 사용한 것이다. 그들의 작품에서 디지털 생산으로의 변경은 또한 실무 작업의 공동작업의 규칙을 개량하도록 만들어 주었다. 예를 들어, 오스트리아의 〈하이포 알페 아드리아 은행(Kartner Landes und Hypothekenbank〉 프로젝트에서 모포시스(Morphosis)는 인터넷 비디오 연결에 의해 정기적으로 건설을 감시했던 것이다. 데이터에 기반한 설계단계의 결정들은 컨설턴트, 클라이언트들과 디지털방식으로 공유되기도 했다. 그 결과 모포시스(Morphosis)에게 있어, 컴퓨터는 단지 새로운 생산방식을 촉진시키는 것뿐만 아니라, 스튜디오가 그 작업을 생산하고 프로젝트의 정보를 내부적, 외부적으로 나누는 과정들의 검토까지 촉진하고 있다.

Introduction

리콜라 유럽 공장과 창고
Ricola Europe Factory and Storage Building

프랑스 뮐하우스 지방에 위치한 〈리콜라 공장 및 창고〉는 표면에 드리워진 실크스크린 된 피막으로 유명한 건축물이다. 외피에 이중의 작업을 행하는 이들의 수법은 이것말고도 상당수 존재한다. 쟈크 헤르조그와 피에르 드 뮤론의 건축물, 특히 그들의 최근의 건축물을 보면, 거기에는 기교 혹은 "수법"을 용이하게 인식시키는 회귀적이고 도상학적인 기호 혹은 모티프를 거의 표출하고 있지 않다는 점을 확인 할 수 있다. 각각의 건축물들은 그 콘텍스트나 프로그램과의 관계에 있어서, 하나의 건축 언어가 지니는 코드화의 모든 문제의 관계에 대해, 그리고 서명이 지니는 반복적인 효과와의 관계에 있어서 실제로 "특수한 것"이다.

헤르조그와 드 뮤론의 작품을 관찰해 보면, 전통과 근대성, 모방과 창조라는 대립에 대한 "교양화" 된 미묘하고 현명한 참조를 느낄 수 있는 반면, 구조와 소재의 엄격함이나 아이러니, 우의(寓意)의 완전한 부재는 사실 그의 작품에서 느낄 수 있는 대표적인 기호이다. 그들은 현실적인 건축의 실현을 추구하고 있는데, 여기서 그 전략은 두 가지의 의미가 있다. 하나는 유형학적 기반을 원용하면서도, 다른 하나는 건축적 조형에 있어 "아이러니"를 표현하는 것이다. 부가적인 요소가 꼴라쥬 되어 건물 유형과 충돌하는 것이다. 그 이유는 건물 구조체에는 중요한 의의가 담겨져 있기 때문이다. 예를 들어, 바로 이 〈리콜라 공장 및 창고〉에서 수평의 구조체가 주변 환경 및 창고 내의 레이아웃과 연관되어 있다. 이것은 하나의 은유를 표현하는 것인데, 우리가 상상력을 구사하기 전, 바꾸어 말하면, 유추적 혹은 은유적인 공명을 일으킨다. 즉, 그것은 하나의 이미지이기 이전에 우선 우리의 지각 능력에 직면하게 된다. 그 대표적인 사례가 되는 것이 바로 이 〈리콜라사 공장 및 창고〉이다. 이 창고는 한 때 채석장의 야적장으로 사용되었기 때문에 부지로서의 크기가 제약을 받았다. 이 건물은 분할 불가능한, 직사각형의, 그리고 평행육면체로 이루어진 모든 단편화에 저항하는 듯한 하나의 전체적인 블록 형태로 만들어진 건축물이다.

  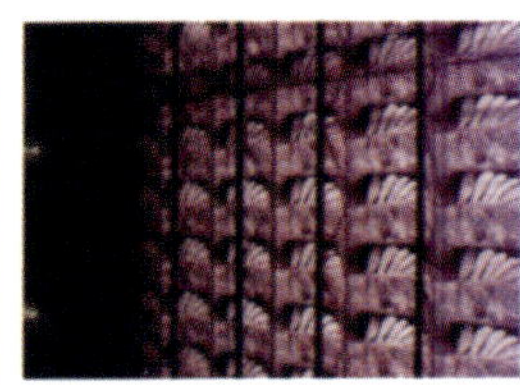  

누노타니 동경 빌딩 N.C. Building

일본의 대지와 지표 활동은 끊임없이 움직이는 지진활동을 만들어내고 있다. 아이젠만의 언급대로 이 건물은 그러한 지진 활동의 파동과 역동성을 시각적으로 표현해 내고 있는 건축물이다. 이러한 시각적 역동성의 유추와 동시에 이 프로젝트는 수직으로만 되어있는 오피스 빌딩의 관습적 편견을 다시 생각케 하고 있다. 이러한 종류의 건축 디자인은 아이젠만 특유의 해체적이면서도 동시에 "탈-인본주의적"인 건축의 시도를 가능케 하고 있다. 그가 언급하는 탈-인본주의는 일명, "탈-기능주의"라고도 불리는데, 이는 기능적 건축전통의 교의를 구조적, 용도별, 형태적 차원에서 다시 생각하고 붕괴시키는 방식으로 발전한다. 현대는 일명 탈-인본주의적이자 탈-기능주의 시대라고 그는 주장하면서, 이러한 생각을 시각적으로 재현(representation)하는 것이 최대의 목표라고 생각한다. 구조가 지니는 전통적 기능 그리고 역할은 건물을 안쪽에서 제대로 지지하면서 시각적으로 안정성을 "표현"하는 것이다. 구조의 역할은 내부뿐만 아니라 외부적으로도 표현되어 왔던 것

현대 〈업무시설〉의 특징과 건축적 특성-2

이다. 그런데, 이러한 구조적 기능이 의심받고 은유적으로 변화한다면 어떠할까. 현대의 사상체계는 고전적 사고방식으로부터 벗어나 관습적으로 여겨오던 "교의"를 의심하고 회의하는 것이다. 그런데, 건축은 이러한 과정을 시각적으로 표현해내는 조형 예술이므로 이를 디자인 과정의 창조적 프로세스로 받아들이면 그 결과는 다양하게 표현될 것이다. 아이젠만의 디자인 프로세스는 바로 이러한 방식으로 결과하고 있으며, 마치 무너지듯 건물이 표현되는 결과를 낳은 것이다.

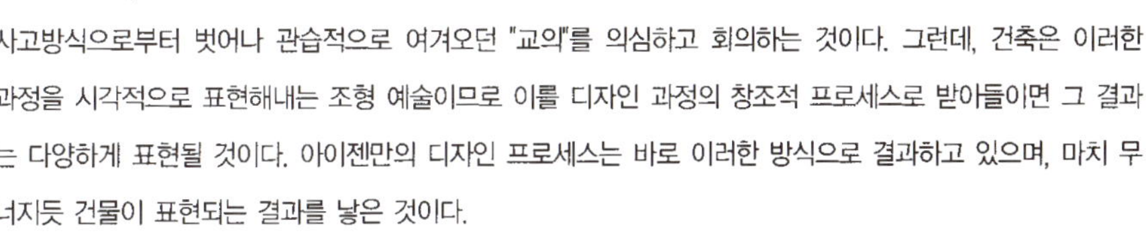

TAK 빌딩 TAK Building

영국의 신진 건축가인 데이비드 취퍼필드는 영국 본토의 건축가들과는 다소 다른 건축적 배경을 지니고 있다. 영국 AA 스쿨을 졸업한 후 리처드 로저스 사무실에서 근무한 경험이 있는 그는 로저스의 기계적이고 첨단적인 이미지와는 상당히 다른 건축적 전개를 보이고 있는 것이다. 그에게 있어서 일본의 영향은 실로 크다고 할 수 있는데, 일본의 다양한 디자인 원천이 영향을 주었다고 한다. 그의 작품에서 나타나는 공간적 특징은 전통적인 일본 가옥의 녹지 공간과 같은 성격을 가진 공간으로서, 이는 내, 외부 공간의 관계에 있어서 애매한 상태인데 이는 취퍼필드가 일본 문화의 전통에 깊은 영향을 받고 있다는 증거이다. 취퍼필드의 디자인적 특징은 자연을 통해 부각된다. 우선, 첫 번째로 그는 풍경을 빼앗는 프레이밍 기법, 즉 차경(借景) 기법을 작품에 사용한다. 두 번째로 그는 인테리어 공간을 확대해 외부 공간과의 접점을 용해시킬 수 있는 중간 영역을 채용한다. 이것은 일본에서의 영향이 크다고 할 수 있다. 세 번째는 두 번째와도 관계되는 것으로 공간의 연속성이 그것이다. 이는 일본의 안도 타다오의 작품에서 잘 나타나는데, 그가 언급했듯이 안도로부터의 영향은 절대적인 것으로 볼 수 있다. 그리고 네 번째는 선택된 소재의 교묘한 처리나 적재적소의 재료의 배치가 그것이다.

또한 취퍼필드의 건축은 빛의 취급이나 콘크리트의 처리에 있어 안도 타다오의 영향이 강함을 알 수 있다. 그러나 전체적인 공간 디자인의 관점에서는 안도의 엄격한 미니멀적인 디자인에는 미치지 않는다. 오히려 그는 안도보다는 보다 많은 소재, 예를 들어 목재와 철재 그리고 조적조와 같은 재료를 사용하며, 그 재료들의 색채와 텍스춰를 조화 있게 배치하는 것에 열중하고 있다. 그리고 취퍼필드의 작품에는 많은 근대 건축의 거장들의 영향, 즉 꼬르뷔제(조형)와 미스(재료), 아돌프 로스(공간), 루이스 칸(빛 처리) 등이 주요 참조 대상이 되고 있다.

Introduction

비트라 공장 Vitra Factory

알바로 시자의 독일에서의 드문 작품 중 하나인 비트라 공장은 그의 베를린 집합주택 다음으로 독일에서의 작업이라 할 수 있다. 바일 암 라인의 비트라 뮤지엄 대지를 방문해 보면, 많은 수의 건축물이 운집해 있는 데, 입구 부분의 프랭크 게리의 〈비트라 뮤지엄〉, 안도 타다오의 〈세미나 하우스〉를 지나 안쪽으로 니콜라스 그림쇼의 〈비트라 공장〉, 그 앞에 대칭으로 놓인 알바로 시자의 〈비트라 공장〉, 더 안쪽으로 있는 자하 하디드의 〈비트라 소방서(현, 비트라 의자 박물관)〉 등이 집합으로 건축되어 있다. 비트라 지역 대지의 가장 중심에 위치한 알바로 시자의 공장 건축은 온건하면서도 모던한 시자의 전형적인 디자인을 맛볼 수 있다. 주변의 여타 건축물들이 해체적이거나 모던한 콘크리트 건축물 또는 첨단의 기계적인 건물이라면, 시자의 디자인은 스페인-포르투갈을 잇는 리베리아 반도의 현재적 모던 건축의 단면을 보여주는 대표적인 작품이라 할 수 있다. 대지를 가운데로 횡단하는 도로 한 가운데에 일련의 아치 모양을 한 브리지가 눈에 들어오는데, 이것이 N. 그림쇼와 A. 시자의 건물을 연결하는 시각적 포인트임을 인지할 수 있다. 현장에 가보면, 디자인상의 상위가 매우 흥미로운데, A. 시자 건물 바로 뒤로 건축된 자하 하디드의 건축과 명확한 대비를 보이고 있기 때문이다. 시자의 건축은 입방체의 조각적이면서 모던하고 온건한 분위기를 자아내는데, 그의 스케치에서 보이는 끊임없는 3차원적 연필 스케치로 인해 결과한 것이다. 이는 마치 화가가 켄바스에 스케치를 하듯 만들어 낸 하나의 작품 수준이다. 이 건물은 밖에서 볼 때, 콘크리트와 벽돌 조적조로 이루어져있으며, 그 결과 규모가 큼에도 불구하고 조적조의 중간 정도 규모로 인식되는 효과를 만들어낸다.

힐베르숨 오피스 Hilversum Office

힐베르숨의 미디어 파크 옆에 있는 이 건물은 Koen van Velsen의 근작이다. 숲에 위치하고 있는 이 건물은 백색의 매스로 구성되어 있어 깨끗한 이미지를 주고 있다. 전체 매스는 직사각형을 이루면서 대로변과 수직으로 길게 구성되어 있다. 대로변이 건물 배면이 되고 안쪽이 건물 전면이 되는데, 전면은 상당한 길이의 켄틸레버가 돌출 되면서 입구 케노피를 형성하고 있다. 전면은 전체를 유리로 처리해서 앞에 있는 자연과 내부 공간을 일체화시키고 있고 또한 내부 공간의 조형적인 요소들이 입면의 이미지를 제공하고 있다. 내부 공간에는 가운데 작은 중정을 두어 공간을 외부에 열어두고 있고, 공간 표현을 최대한 절제한 미니멀 한 이미지를 준다. 건물 전체가 약간 경사져 있기 때문에 내부 공간들은 입구에서부터 약간씩 단을 이루면서 공간이 전개되고 있다.

현대 〈업무시설〉의 특징과 건축적 특성-2

이 건물은 Renzo Piano의 근작으로 로테르담 에라스무스 다리 남단에 위치하고 있다. 고층 오피스를 이루고 있는 이 건물의 매스는 위로 올라갈수록 앞으로 돌출하는 형상을 하고 있고 이것을 구조적으로 지지하기 위해 대형 구조물이 건물을 받치고 있다. 건물의 전면은 대형 전광 스크린으로 활용되면서 야간에는 회사를 홍보하는 광고판으로 사용된다. 건물을 지지하는 대형 구조물은 이곳이 항구도시라는 이미지답게 마치 배의 닻을 연상시키고 있다.

메르세데스 벤츠 서비스 센터 Mercedes-Benz Service Center

포츠담 광장 재개발 계획의 일환으로 이루어진 이 건물은 렌조 피아노의 근작이다. 전체적인 특징은 그 색깔과 유리 루버 입면, 그리고 입면 마감 재료로 들 수 있다. 형태적으로는 대지의 형태에 따라 구성된 매스와 일부 타워로 구성된 매스로 구분할 수 있다. 입면을 보면 가로줄이 새겨진 도기류의 마감재료가 사용되었는데, 입면전체가 연속된 수평창살을 표현하고 있는 듯 하다. 그리고 타워 부분의 매스에는 전체 입면에 유리 루버를 덧붙여서 빛을 조절하고 있다. 이 루버는 자동으로 각도가 조절되는 시스템을 가지고 있다. 이러한 입면 요소들은 비교적 규모가 큰 매스를 상대적으로 가볍게 표현하고 있다. 특히 수직 계단 매스를 전체 유리로 마감하고 1층 부분을 비워두어서 건물을 더욱 가볍게 보이도록 디자인하였다.

Introduction

소니 센터 Sony Center

포츠담 광장 옆에 있는 이 건물은 독일 DB 빌딩과 함께 서 있다. 하이테크 한 이미지의 이 건물은 가운데 원형의 중정 공간을 형성하고 있고, 상부를 막 구조로 처리해서 외부공간을 조성하고 있다. 건물 전체는 하나의 매스로 구성되어 있지 않고 중정을 감싸면서 몇 개의 매스들로 분리되어 있다. 이 분리된 틈 사이로 중정으로 진입할 수 있는데, 중정은 이벤트 공간으로 활용되면서 각종 휴게 시설들이 들어서 있다. 즉 가운데 중정은 중세 도시의 광장과 같을 역할을 하고 있고, 사람들은 이곳에 모여 이벤트를 즐긴다.

폴크스 뱅크 본사 빌딩 Volksbank Headquarters

이 건물은 일본 건축가 Arata Isozaki의 작품으로써 Renzo Piano가 설계한 Benz 건물 옆에 위치하고 있다. 4개의 직사각형 매스가 들어서 있고 맨 위에는 전체가 하나로 연결되어 있다. 매스 사이는 오픈 공간으로 계획되어 있는데, 짧은 부분은 보행 공간으로 제공되고 긴 부분은 인공 정원이 꾸며져 있다. 특히 바닥을 물결치는 형상으로 디자인해서 높낮이에 변화를 주고 있고, 그 끝에 있는 인공 연못은 옆 건물과 공유하면서 환경설비에 이용하면서 자연 친화적으로 디자인하였다. 1층 부분은 전체 입면 선보다 후퇴시켜서 그 벽면을 물결치는 모양으로 웨이브를 준 유리창으로 디자인하였다. 이러한 웨이브는 건물 맨 윗 층에서도 똑같은 디자인을 볼 수 있다. 건물의 입면은 타일로 마감되어 있는데, 창과 두개가 색깔의 타일을 이용해서 규칙적인 사다리꼴 패턴이 서로 엇갈리면서 나타나도록 디자인되어 있다.

<h1 align="center">현대 〈업무시설〉의 특징과 건축적 특성-2</h1>

이 건물은 Richard Rogers가 설계한 오피스 건물로서, 두개의 쌍둥이 건물이 서로 대칭을 이루고 있다. 하이테크 건축을 추구하는 건축가의 작품답게 유리와 철재로 건물을 구성해서 기계적인 이미지를 강조하고 있다. 전면에는 기단을 이루는 계단이 한개 층을 구성하고 있고 건물 가운데에는 아트리움을 두면서 매스가 이곳을 둘러싸고 있다. 한쪽을 열어두어서 외부에 아트리움 공간을 노출시키고 있는데 층이 올라갈수록 오픈되는 공간을 크게 하여 정면에서 보면 단을 이루는 사선의 매스가 형성된다. 또한 오픈된 모서리부분에는 원통형의 매스를 두고 있으며, 지붕면을 돌출시켜 상부를 처리하였고 내부의 아트리움은 실내 정원으로 꾸며 환경 건축을. 추구하고 있다.

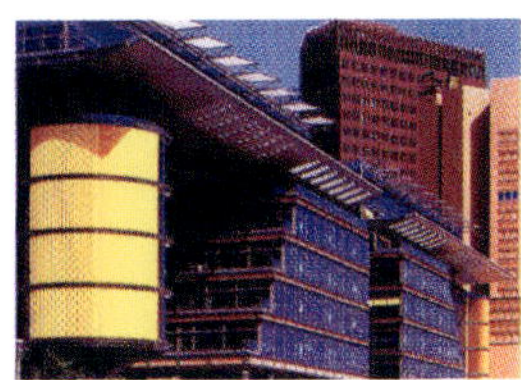

독일 베를린 건축학파의 선두주자인 O.M. 웅거스는 현대 포스트모던 도시 및 건축디자인에 있어 유형학(Typology)의 이론과 적용에 있어 뛰어난 업적을 남기고 있다. 사실, 건축에 있어 유형학이란 유럽 도시의 고전적 형태 특성을 건축디자인과 형태구성에 반영하려는 것으로 도시의 역사와 모폴로지 그리고 형태적 특성에 관심을 두고 있다. 유형학의 적용 결과 나타난 특징으로는 기하학적 특성이 강하며, 전체적인 건물의 인상은 매시브 하고 고전적인 특성이 두드러진다. 그런데 과거 고전주의 건축과 다른 점은 매스의 처리에 있어 추상적이고 기하학적으로 처리된다는 것이며 지역의 특성, 즉 형태적 지역성을 디자인에 반영하고 있다는 것이다. 웅거스의 경우 이러한 특징은 모두 나타나며 도시의 문제가 디자인을 결정하는 중요한 요소로 작용하고 있다. 프랑크푸르트 〈무역박람회 및 전시회사〉의 경우, 위에서 언급한 유형학 이론의 기하학적 특성 및 매시브 하고 추상적인 고전적 비례가 강조되고 있다. 전체적인 건물의 이미지는 매스의 처리에 있어 매우 역동적이고 기념비적이지만, 가운데 매스에 사용된 유리로 인해 건물의 무거운 감은 상당 부분 감소된다. 또한, 후면 부분에 적용된 날엽 한 곡선은 건물에 역동성을 강화시키면서 고전의 딱딱함을 거의 상쇄시킨다. 전면부에 설치된 개구부의 규칙성, 단순성, 기하학성은 전체 매스의 단조로움과 조화를 이루면서 기하학적인 특성을 강조하게 되는데, 이러한 특성은 하부에 디자인된 날카로운 곡선 및 유리와 대비를 이룬다. 이러한 대비는 건물에 역동성과 안정감 그리고 기념비성과 근대적 특성 모두를 연상시키며, 프랑크푸르트 도시의 근대성과 전통성 모두를 반영하는 역사적 가치가 있는 건물로 탄생하고 있는 것이다.

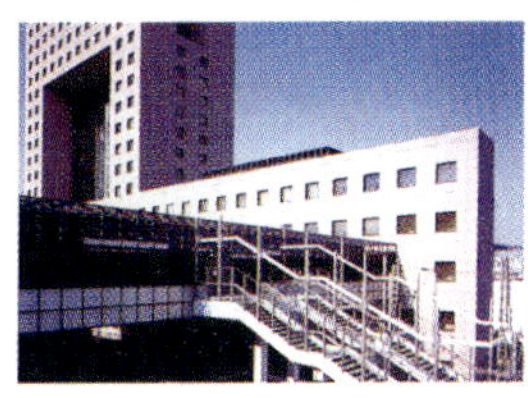

세라믹 오피스 빌딩
Ceramique Office Building

Wiel Arets의 건축사고방식
: 중재와 갈등의 건축

Wiel Arets

도시의 절개 그리고 외관의 현상적 특성과 공간의 대위법적 구성

Wiel Arets의 건축적 궤적 속에서 전 세계적으로 자신의 이름을 알리게 된 것은 1995년 〈마스트리히트 예술 및 건축 아카데미(Maastricht Academy of Art and Architecture)〉를 통해서이다. 이 건물 등에서 보이는 빛에 의한 다양한 모습을 가지는 신성한 표면으로서의 반투명 막 조직에 대한 Wiel Arets의 집착은 그레그 린이 말했던 "네덜란드 현대 전통에 대한 의식적인 개조", 즉 비물질적인 미니멀리즘과 일맥상통한다고 할 수 있다. 그러나 Wiel Arets의 미니멀리즘적 건축은 다른 건축가들에게서 찾아보기 힘든 잠재적인 컨텍스추얼리즘을 끌어안고 있다. Wiel Arets의 접근 방식은 건축물이 위치하고 있는 지역의 제반 환경에 유연하게 대응할 수 있는 미스 식의 적극적인 "영도 건축(degree zero architecture)"이다. Wiel Arets는 자신의 건축은 "기존의 컨텍스트와 잘 어우러지면서도 변화를 유연하게 수용할 수 있는 건물을 짓고자 한다" 고 말한다. 그레그 린은 이처럼 컨텍스트를 수용한 입장을 "격렬한 소멸(intensive disappearance)"의 성향이라고 특정 지었다.

"마스트리히트 예술 및 건축 아카데미(Maastricht Academy of Art and Architecture)"를 계기로 Wiel Arets는 오래된 도심에 있는 기존의 건축물에 활기를 불어넣어 건축물은 물론 도시의 구조까지 바꿔놓는 변화를 시도한다. 기존의 도로형태에 새로운 건물이 들어서면서 모든 면에서 다원적인 사회적, 기능적 가치가 발생한다. Wiel Arets 자신의 글을 읽어보면 그가 도시 내부에서 "절개(incision)"를 통해 무엇을 얻고자 했는지 알 수 있다.

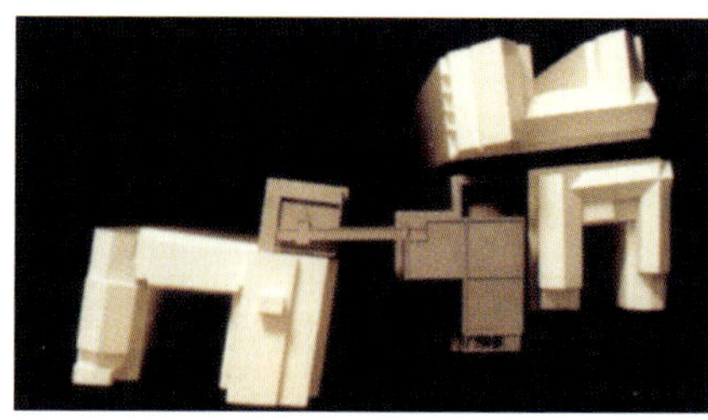

"벽돌과 석회암을 주로 이용한 건물들이 들어서 있는 아담한 동네들로 구성된 도시의 유서 깊은 지역에 이 프로젝트(Maastricht Academy of Art and Architecture)를 끼워 넣었다. 그렇게 함으로써 그 도시의 한복판에 '헤르덴킹스뻘레인' 이라는 이름의 광장이 들어선다. 프로젝트의 내용은 건축학교와 통합되어 있는 마스트리히트 중심에 위치한 예술학교를 증축하는 것이다. 강당, 도서관, 바와 같은 공동공간이 포함된 신축건물의 첫 부분이 기존 건물 바로 옆에 있다. 이들 공공 공간을 연결하는 경사로는 나무들 사이에 난 인도교로 이어지면서 부지를 이어주는 동시에 신축건물의 두 번째 부분과 연결된다. 유리벽돌을 이용한 파사드 뒤에 위치한 이곳에는 신축 워크샵이 자리잡고 있으며, 그 옆에는 조각공원이 있다. 동선체계가 전체디자인을 주도하고 있으며, 모든 내벽이 안쪽에 유리를 끼워 넣은 강철프레임으로 이루어져 건물사이를 오고가는 학생들 간에 자연스러운 상호작용을 촉발시킨다. 기존건물 4채와 신축건물 두 채로 구성되는 전체 단지에는 강의실들이 있는 기존의 주 건물에 새로운 요소를 개입시켜 만든 단 하나의 출입구 밖에 없다. 이러한 개입에서 생긴 새로운 로비공간을 통해 헤르덴킹스뻘레인 신축광장에서 유서 깊은 도시의 내부 깊숙한 곳까지 내다볼 수 있다. 마스트리히트의 주요 광장인 브릿츠호프 쪽에서 오는 사람은 조각공원을 지나 건물 안으로 들어가 유리벽돌 천장으로 된 워크 샵을 관통해 새로 조성된 광장에 이른다. 이 프로젝트에서는 전체 표피의 두께를 건물의 출발점으로 삼으려 노력했을 뿐만 아니라 '절개' 의 물리적, 정신적 의미를 다루고 있다."

Wiel Arets는 "절개"를 통해 인간을, 도시의 심장과 고독한 자신의 내부로 인도하는 "중재의 건축"을 얻고자 한 것이다.

Wiel Arets 건축의 또 다른 모습 중 하나는 외관의 현상적 특성과 공간의 대위법적 구성사이에서 미묘한 균형을 이루고 있다는 것이다. 이는 1995년 뮌스터에 설계한 2층 규모의 로흐만 주택인 〈바디하우스〉에서 부분적으로 증명된다. 이 작품에서 Wiel Arets의 의도는 주택사용자와 건물몸체 사이에서 분명한 상호작용을 유발시키고자 했다. 주택은 주변의 교외 환경에 대담하게 도전하고 있다. 또한 대도시의 혼란스러운 미로를 배경으로 하는 내성적인 소우주를 제시한다. 그러나 무엇보다도 이 주택의 탁월한 점은 끊임없는 대화를 유발하는 구성뿐 아니라, "변두리 vs 도심, 포디움 vs 매스, 정면 vs 배면(평면을 수직 이등분), 석조 상단 vs 유리하단, 불투명한 표면 vs 투명한 표면으로서의 경계분할" 등과 같은 대립되는 양극의 표현이다. 끊임없는 대화의 유발은 Wiel Arets 만의 독특한 연금술사적인 스킨 구성을 통한 외관의 현상적 특성과 공간의 대위법적 구성이 빚어내는 "갈등"이 내재되어 있기 때문이다.

중재와 갈등의 건축

"'표피'에 대해서 말하면, 대부분의 사람들은 얼른 화사드나, 아니면 본래 '얇음'과 상관 있는 몸체의 표면을 떠올린다. '설화 석고 같은 표피'에서 나는 사실상 표피는 '두터움'과 연관된다는 것을 설명하자는 생각을 했다. 심지어 도시의 표피나 도시의 정치적 경제적 상황, 그리고 도시 문화를 말할 때도 마찬가지이다. 하지만 도시 안의 건물에 대해 말할 때, '두터움'은 건물 정면의 공기와 건물 자체, 그리고 건물 뒤편의 공기와 관계 있다. 화사드는 더이상 단순한 표현 행위가 아니라, 화사드에 대한 처음의 이해 뒷 편의 다원성과 복잡성을 갖는다. 우리는 인체를 표피의 관점만으로 보지 않는다. 표피의 움직임도 고려하는 것이다.

'설화 석고 같은 표피'에 대해 말했을 때 이 모든 이슈들이 중요했다고 생각한다. Vienna Remise 프로젝트는 건물을 지구의 표피로 절개하는 것에 대해 광범위하게 언급한 최초의 예이다. 나폴리에 있을 때 카톨릭 교회와 마피아 사이의 갈등을 보면서, 나는 도시에서 발견되는 매우 이상한 갈등을 깨닫게 되었다. 순결과 폭력은 핵심적 단어가 되었다. 우리는 순조롭고 조화로운 관계에 관심을 두지 않는다. 갈등에 흥미를 느끼는 것이다. 이것은 '설화 석고 같은 표피'의 출발점이었는데, 거기에서는 아프리카의 마사이족과 같은 예를 들었다. 마사이족 사람들은 자신의 몸을 대지처럼 사용해서 몸을 변화시키기 위해 표피를 베어낸다. 그들의 사회에서 몸은 교류의 수단이고, 몸이라는 수단을 통해 문화 집단에서 특정한 위치를 차지하기도 한다."

세라믹 오피스 빌딩

Wiel Arets의 표피(외피)에 대한 위의 언급은 스킨과 사회적, 문화적, 역사적, 정치적 갈등의 관계를 잘 설명하고 있다. Wiel Arets에게 있어 외피는 파사드가 아니다. 외피는 건물전체를 감싸고 있는 것일 뿐만 아니라 건물이 자라잡고 있는 도시 외피 속에 존재하는 것이다. 외피는 건물의 두께는 물론 대지의 표피까지도 포함한다. Wiel Arets의 건물은 반은 대지에 뿌리박고 있다. Wiel Arets는 땅은 일종의 가공성을 지니고 있는데, 이 가공성, 침투성이 사회에도 존재하고 있다고 믿는다. 외피에는 사회적, 정치적 요소들이 표현되어있다. 도시의 정치적, 사회적, 경제적 특성들이 Wiel Arets의 건축의 자재가 된다. Wiel Arets는 자신의 사무실 겸 주택설계에서 나타나는 공과 사의 미묘한 갈등의 조화를 다음과 같이 말하고 있다.

8

"누구나 종종 내키면 아침에 파자마 차림으로 식탁에 앉을 수 있기를 바랄 것이고, 그 경우 길가 쪽으로 나있는 커다란 창문이 불편할 것이다. 나는 이런 것들이 정말 재미있다. 내가 살고 있는 집이 바로 이런 경우로, 누구든 집으로 들어오게 되면 욕실에 있는 사람의 형체를 어렴풋이 볼 수도 있다. 사적인 영역이 관련되어 있을 때 사람들의 호기심은 증폭된다. 우리는 사람들을 귀찮게 한다. 그들은 무언가를 볼 수 있다고 생각하지만 실상은 그것을 보지 못한다. 나는 이러한 것들을 놓치고 싶지 않다. 공공건물은 공공공간과 어느 정도 직접적으로 연관이 되어있는 반(半)공공 건물에 가깝다. 이처럼 엿볼 수 있는 상황에 무척 흥미를 가지고 있다. 사적인 것과 공적인 것에 대한 기존의 아이덴티티가 점점 상실되어 가면서 살고 있다는 생각이 든다. 우리는 집에 있을 때 다른 그 어느 곳에서보다 자신만의 독특한 자아를 인식할 수 있어야 한다. 그러나 텔레비전이 들어오고 전화가 설치되면서 집은 점점 더 공적인 성격을 띠어가게 된다. 나는 우리 시회에 곧 두 종류의 건물이 생겨나지 않을까 생각한다. 사적인 공간이면서 공적인, 그리고 공적인 공간이면서 사적인 성격을 지닌 건물이 그것이다. 또한 업무용 건물은 일상생활에 좀더 근접한 모종의 프로그램적 측면을 얻게 될 것이며, 레져 생활이 사무실 안으로 들어오게 될 것이라고 생각한다. 예를 들어, 몇 년 후에는 수영장, 사우나 등의 시설이 업무용 건물에는 물론 주택에도 들어서게 될 것이라고 확신한다. 동시에 사람들은 집에서 일하는 비중이 더 늘어날 것이다. 사무실에 사적인 시설을 도입했을 때 업무능률에 도움이 된다는 것이 확인되고 있다. 사람들이 서로 의견을 나누는 장소에 안락의자가 등장하게 되고, 그 의사소통이 곧 생산성을

9

10"

향상시키고 있다. 주택과 공공건물에서 사적인 요소와 공적인 요소, 이 두 가지가 서로 섞여가고 있음을 확인할 수 있다. 어떤 요소를 강조하느냐에 따라 차이가 있기는 하지만 말이다. 나는 이곳 네덜란드에 나의 사무실 겸 주택을 지었지만, 그것은 엄밀히 말하자면 두개의 사무실과 두개의 주택이다. 사무실로 쓰이는 시간이 지나면 이 건축설계 사무소는 욕실 하나를 덧붙이는 간단한 개조를 통해 주택으로 바뀐다. 주택공간에서도 위와 같은 식으로 대립되는 상황을 만들어 낼 수가 있다. 이 공간에서 주거의 작업은 소극적인 단조로움을 탈피하고 있다.

Wiel Arets가 〈복스텔 경찰서〉 설계에서 주 외벽 재료로 사용한 유리는, 경찰서 건물이라는 특성의 논란에서 미묘한 갈등을 새롭게 해석하고 있다. 경찰서는 종종 침입을 당 할 수 있다. 또한 복잡한 내부구조를 가져야 함에도 불구하고 이 경찰서는 전체가 유리로 되어있다. 이는 건축주의 요구(힘을 발산하는 튼튼한 외피의 구성을 요구)와 상충이 되었다. 그러나 Wiel Arets는 겉보기에는 약해 보이는 유리 외피의 특성이 오히려 힘을 가져다 준다고 생각했다. 즉, 침입자는 기존의 건물들에서 튼튼하고 육중한 사물로서의 경찰서를 보지만 Wiel Arets가 설계한 건물에서는 침입자 자신을 감시하고 지켜보는 경찰서의 힘(경찰관의 눈(유리의 외피), Bentham의 Panopticon-원형감옥원리(미셸 푸코의 「감시와 처벌」))을 느끼게 된다. 경찰서의 개방이라는 목표는 사실과 다른 것이다. 그들은 세계와 밀접해지고 싶어 하지만 결코 스스로를 외부에 드러내지 않는다. 비록 사람들이 경찰서 옆을 지나지만 그들이 보는 것은 모자를 담은 진열장뿐이다. 사실 유리의 대 부분은 불투명하고 투명한 유리는 두 곳뿐이다.

Wiel Arets는 건축과 도시의 관계를 감독과 각본의 관계와 같다고 말하면서 건축은 도시의 유기체를 급변하게 변화시킬 수 있는 강한 영향력(즉, 중재의 힘)이 있음을 언급한다.

"영향력을 발휘하는데는 두 가지 방식이 있다. 첫 번째 방식의 예를 들자면, Center Beauborg가 도시에 영향을 남겼으며 여전히 그 영향력을 유지하면서 도심을 변화시키고 있는 사실이다. 이것은 건물 자체의 즉각적 영향력을 설명한다. 또 다른 방식은 바이러스의 작용과 비슷하다. 벌어지고 있지만 보지 못하는 것이다. 당신이 도시 속에 심어 놓은 특정 건축에는 보다 흥미로운 2차, 3차의 영향력이 있다. Maastricht의 아카데미는 여전히 논란거리이다. 건물은 아주 서서히 도시의 일부가 되지만, 서서히 도시를 변화시키기도 한다. Marcel Duchamp은 '각각의 예술품은 어떤 에너지를 갖는다'고 했다. 예술품이 얼마동안 살아 있고 우리의 관심을 받으며 작품이 작용하는가,

11 12   13

Housing at Stresemann Strasse

Stresemann Strasse, Berlin-Kreuzberg, Germany, Zaha Hadid

| 디자인 컨셉 |

이 건물은 Wiel Arets의 작품으로써 그가 자주 사용하는 노출콘크리 토와 유리블록을 이용해서 디자인한 건물이다. 건물은 두개의 직사각 형의 매스가 서로 어긋나게 배치되어 있다. 그리고 어긋나서 돌출 된 매스의 하부는 비워두고 있는데 전면은 입구의 케노피 역할을 하고 있다. 특히 입구는 기둥을 설치하지 않아서 구조적 긴장감을 유발하 고 있고 비교적 낮게 처리해서 열린 공간이면서 닫힌 공간을 만들고 있다.

이 오피스는 전면과 배면의 각각의 출입구를 가지고 있다. 건물 배면에 전용 주차장이 설치되어 있고, 배면의 돌출 된 매스 밑에 있는 입구를 통해 진입한다. 대로변에 있는 전면은 바닥이 잔디로 깔려 있고 동선부분만 인도로 처리하고 있다. 그리고 입구에 노출 콘트리트로 가벽을 설치해서 공간에 하나의 켜를 두고 있다.

이 건물은 6층 규모로 계획되어 있고 크게 직사각형 매스 두개가 서로 엇갈리게 배치되면서 양쪽의 돌출 된 부분은 케노피을 형성하고 있다. 건물은 노출콘크리트와 검은 타일로 마감되어 있고, 고가도로 쪽에 면한 입면 전체는 유리 블럭으로 마감해서 내부 공간을 밝게 처리하고 있다. 특히 직사각형의 형태와 검은색으로 처리된 이 건물은 상당히 상징적인 이미지를 제공한다.

- 유리 블럭 : 고가도로 쪽에 면한 입면은 슬라브와 기둥 면을 제외하고는 모두 유리 블럭과 창으로 처리해서 표현하였다.
- 입구 : 정면으로 돌출한 매스가 상대적으로 낮게 들어서 있고 입구 앞에 들어선 가벽을 통해서 구조적인 긴장감을 표현하면서도 공간적인 안정감을 느낄 수 있다.

DZ 은행
DZ Bank

Frank Gehry의 건축사고방식

지금 미국은 일본에서도 심화되고 있는 불황을 겪고 있다. 확실히 뉴욕 등지에서는 건축 디자인의 밭에 뻐꾸기가 울고 있는 것과 같은 양상인 듯하다. 그렇게 어려운 상황과는 무관하게 마치 혼자 기분을 내고 있는 것이 프랭크 게리가 아닌가 싶다. 로스앤젤리스의 〈월트 디즈니 콘서트 홀〉이나 〈재(在) 파리 아메리칸 센터〉는 그가 설계를 하기로 정해졌을 때부터 모르는 사람이 없을 정도로 화제가 된 작품이다. 또한, 스페인(빌바오), 스위스(바젤), 체코(프라하), 독일(베를린, 프랑크푸르트)이나, 미국 국내에서도 보스턴, 클리브랜드, 오하이오, 아이오와 등지에서 프로젝트가 진행중이라고 알고 있다.

그런 바쁜 상황 하에서, 행운의 여신은 미소짓는다. 1992년의 〈제4회 고다카마쯔미야텐시타(高松宮殿下)기념 세계 문화상〉에서의 건축상은 프랭크 게리의 머리 위에 씌워졌다. 당시 일본을 방문한 게리는 이름 그대로, 시종일관 상냥한 인품을 보여주었다. 수상(受賞) 리셉션의 칵테일 타임에서도 인기인으로서 단게 겐조 부부나 안도 타다오 부부와 환담을 하기도 해 중요한 인물로 환영을 받았다.

다음날의 강연회에서 그는 그의 농담에 의해 강연 회장이 웃음의 소용돌이로 변했던 즐겁고 독특한 슬라이드 강연회를 보여 주었다. 강연 종료 후, 안도 타다오와의 대담에서는, 청중으로서 참가한 이소자키로부터 게리, 안도 두 사람에게, 그리고 청중으로서 앉아있던 이번 회화 부문의 수상자인 피에르 솔라쥬(Pierre Soulages)와 조각 부문의 앤소니 카로(Anthony Caro) 두 사람에게 "건축과 조각의 차이"에 대한 질문이 나왔다. "창을 설치하여 빛을 받아들이는 것이 건축으로, 조각에는 그것이 없다."(게리), "내부로부터 생활의 숨결이 들려 오는 것이 건축"(안도 타다오), "건축은 실재하는 공간, 조각은 상상력의 공간"(솔라쥬), "게리의 건축은 매우 조각에 가까워지고 있다"(카로) 등 4명의 다양한 의견이 있었다.

Frank Gehry

1

2

3　4

5

6

7

카로가 말하고 있듯이, 근년 게리의 작품은 매우 조각적인 형상을 드러내고 있다. 그 대표적인 예가 〈윈튼 영빈관(Winton Guest House)〉(1986)일 것이다. 옥외의 조각군이라고 할 정도의 양상을 나타내는 이 주택은 같은 부지에 세워진 필립 존슨 설계의 주 건물로부터 외관을 빌리고자한 것이다. 다른 유형의 건축을 같은 부지에 세우는 것은 아름다운 부지를 분단하는 것 같은 것이며, 또한 부지의 성격 그 자체를 훼손하는 것이 염려되었다고 한다. 결국 게리는 필립 존슨의 주 건물로부터는 꽤 거리를 두고 있지만, 조각적인 조형성을 보일 수 있도록 제일 높은 거주동을 중심으로, 기능별로 형태가 다른 공간을 배치했던 것이다.

이와 동일하게 〈비트라 가구 미술관〉은 약동감 넘치는 조각성을 보이고 있다. 여기에서는 게리가 이상할 정도의 집념을 보여주는 물고기의 움직임이 추상화되고 있다. 그는 몇 년 전에 고베에 완성한 〈피쉬 댄스〉에서도, 거대한 잉어 조각을 세운바 있으며, 〈로 화이트 피쉬 램프(Low White Fish lamp)〉라는 물고기의 형태를 한 조명기구나 "감옥"이라고 불리우는 폴리, 혹은 10m나 되는 〈페쉐 그랑데(Pesce Grande)〉(1986)라 불리우는 물고기의 디스플레이도 만들어내고 있다.

이러한 게리에 관련되는 물고기의 이미지는 그의 유아 체험에서 발단하고 있다. 토론토에 있던 그의 집에서는 목요일마다 그와 조모가 시장에서 잉어를 사와 목욕탕 통에 넣고 금요일에 요리하기까지 게리는 만 하루를 그 잉어와 노는 것이 습관이었다고 한다. 그러한 즐거운 잉어와의 놀이는 어린 게리의 뇌리에 강하게 인상 지운 것 같다. 그러나 근년, 게리에게 있어, 이 물고기의 이미지는 너무 좋지 않다고 한다. 다음은 게리와의 간단한 대담이다.

"일본에서의 〈피쉬 댄스〉 이후 후속 작품은 아직 없습니까."

F.G : "아무래도 일본 사람들은 내가 물고기 건축만을 하고 있다는 인상을 갖고 있는 것 같아요. 그래서 일이 오지 않는 것 같아요(웃음). 그것은 안도와 같은 상황이네요. 그는 콘크리트만을 하기 때문에, 미국에서 일을 수주하는 것은 매우 적다고 생각합니다. 그래서 미국에서 그를 초대하면, 그는 다른 재료로 건축할 수 있다고 생각합니다. 〈세비야 박람회 1992〉의 일본 파빌리온과 같이 말이죠. 일본의 여러분들에게 전해주었으면 좋겠습니다. 게리는 물고기 건축이 아닌 것도 한다고 말이죠(웃음)."

"선전해 두겠습니다. 그렇지만 다른 생물도 사용하고 있지요?"

F.G : "아니요. 이제 물고기나 뱀도, 악어나 낙지도 일이 온다면 그만두겠습니다(웃음)."
아무래도 첫 번째 프로젝트인 〈피쉬 댄스〉가 원인이 되고 있지만, 축지(築地)의 어시장 등을 게리에게 시키면 적격이고 훌륭한 캐스팅이라고 생각하고 있다.
물고기는 게리 건축의 단적인 특징 중 하나이지만, 전부가 물고기 이미지는 아니다. 오히려 그렇지 않은 작품이 더 많다. 예를 들어, 〈게리 주택〉, 〈캘리포니아 항공우주 박물관〉, 〈로욜라 법률학교〉, 〈노톤 주택〉, 〈할

DZ 은행

리우드 도서관〉, 〈서마이 피터슨 저택」〉, 〈차트/데이 오피스(Chait/Day Office)〉, 〈월트 디즈니 콘서트 홀〉, 〈재(在) 파리 아메리칸 센터〉 등. 실제 그 정도의 건축가라면 그런 단일 이미지로는 포함되지 않는 다방면에 걸친 작품의 다양성을 만들어내고 있다. 또한, 대담하고 와일드한 형태를 갖는 그의 작품은 종래의 건축의 규범 밖에 위치하고 있는 것 같다. 그러나 그렇다고 해서, 게리의 건축이 현대의 문화적 컨텍스트와 관계없는 영역에 있다고 하는 것은 아니다. 오히려 그의 경우, 디자인 원천의 참조 대상으로 회화나 조각을 첫 번째로 들고 있는 것이다. 이 점에 관해서 말하면, 게리의 작품은 그 건축적인 형상 이미지에 있어 정신적으로는 러시아 구성주의에 근접하고 있다고 볼 수 있다. 구성주의도 회화나 조각에 있어서의 동시대적인 논쟁을 거쳐 배출된 것이니 말이다. 게다가 그것은 하이 아트의 고매한 미학을 회피하기 위해, 재료도 원형 그대로 사용하거나 의도적으로 미소화(微小化)를 가장한 수공예적인 처리를 가하는 것이 특징이다. 로드첸코의 〈철도 매점〉이나 멜르니코프의 〈국제 장식미술전의 소련관〉, 타틀린의 〈제3 인터내셔널 기념탑〉 등, 형태의 추상화와 재료의 평범한 표정이라는 모순을 포함하고 있다. 게리의 건축도, 그 대담한 디자인이나 값싼 재료의 몹시 거친 사용방식은 구성주의의 디자인을 관통하고 있다.

게리의 건축으로 이러한 특징이 현저한 작품이라고 말하면, 그것은 산타모니카의 자기 집 이외에는 생각할 수 없다. 이 〈게리 저택〉에서는 공장 건축으로 친숙한 콜 게이트 강판이나 파형 철망 펜스를 외벽이나 외부 공간의 한정을 위해 사용하였으며, 내부는 온기가 있는 베니어판으로 마무리하고 있다. 이 하이테크와 일반적인 기술의 대비에는 선진 기술 지향과 DIY(Do It Yourself)적인 접근방식에의 심취가 병존하는 지극히 캘리포니아적인 멘탈리티를 간파할 수 있다.

이 자기 주택이 몇 년 전의 〈해체주의 건축전〉에 출품되어 게리도 해체의 7인조라는 상표를 붙기는 했지만, 그것에 대해 언급하면서 그는 말하길, "나는 필립 존슨은 존경하고 있지만, 내 자신이 해체의 멤버라고는 생각하지 않으며, 타인이 어떻게 생각하든 그것은 상관없다"고 말하고 있다. 작품의 다양성이 많은 게리에게 있어서 그것은 당연한 일이다. 해체도 있으며 그렇지 않은 것도 있다.

9

10

1992년은 쌍안경의 정문을 갖는 〈채팅/데이 오피스〉에서 세계의 건축 잡지를 요란하게 한 그는, 1993년에는 〈재(在) 파리 아메리칸 센터〉의 완성으로 또 다시 화제가 되었다. 그 후에도, 〈토레도 대학 시각 예술 센터〉, 〈프레데릭 R. 와이스 맨 미술관〉, 〈비트라 인터내셔널 신 본사 빌딩〉이 완성되었으며, 경제 불황의 암운이 깔리는 중에도 고군분투 하고 있다. 그는 세계의 건축계에 좋은 화제를 제공해 주고 있다. 하지만 그도 불황의 영향을 받고 있다. 금년 7월에 방문한 로스앤젤레스에서는, 화제의 〈월트 디즈니 콘서트 홀〉의 공사가 중지되는 등, 공사가 중지되는 일이 종종 있게 되었다. 예산이 부족해 공사 목표가 서지 않는다고 한다. 시급한 공사의 재개가 바람직하다.

지금은 전 세계적 규모로 활약하는 이 세계적인 건축가는 "어떤 계기로 건축가가 되었습니까"하는 질문에, "42년 전, 캘리포니아에서 트럭 운전을 해 야학에 다니고 있었을 무렵, 어느 선생님이 건축을 권해 주었던 것이 계기입니다만, 실제로는 어렸을 무렵에 조모와 나무로 자주 도시를 만드는 놀이를 한 것이 계기라면 계기이지요"라고, 토론토 시대의 먼 추억을 회상하는 게리는 눈을 가늘게 뜨고 생각에 잠기고 있었다.

12

14

13

15

DZ Bank

Berlin, Germany, Frank O. Gehry

작품설명

| 디자인 컨셉 |

이 건물은 Frank O. Gehry의 작품으로 그의 작품성향을 볼 수 있는 건물이다. 건물의 외부는 대로에서 전면만 노출되어 있는데, 그 외관은 크림색 대리석으로 마감되어있고, 직사각형의 프레임 없는 규칙적인 창들이 배열되어서 있어서 깨끗하면서 안정감 있는 모습을 보여주고 있다. 이 건물의 내부 공간에는 상징적인 공간으로 표현되어 있는데, 내부에 아트리움을 만들고 그곳에 조각적인 매스를 첨가해서 공간을 생동감 있게 표현하고 있다. 내부의 이 매스는 물고기의 모습을 형상화한 것으로 프랭크 게리는 가장 생동감 있는 존재를 물고기라고 말하면서 그 형상을 추상화해서 표현하였다. 회의실용도로 사용되는 이 매스는 내부 아트리움 공간에 오브제로서 존재하고 있다. 특히 재료를

| 프로그램 |

이 건물은 DZ Bank라는 이름에서 알 수 있듯이 독일 은행 건물이다. 이 건물의 가장 큰 특징은 내부에 전층이 오픈 된 아트리움을 구성하고 공간 가운데 추상적인 오브제를 삽입해서 공간을 새로운 이미지로 창출해 내고 있다는 것이다. 이 공간에는 회의실을 배치해서 프로그램 상으로도 중심적인 공간 역할을 수행하도록 하였다.

차별화해서 더욱 그 이미지를 부각시키고 있는데, 목재의 따뜻한 이미지와 천창의 유리, 이곳에 요동치는 티타늄의 추상적인 매스는 더욱 생동감 있게 표현되고 있다.

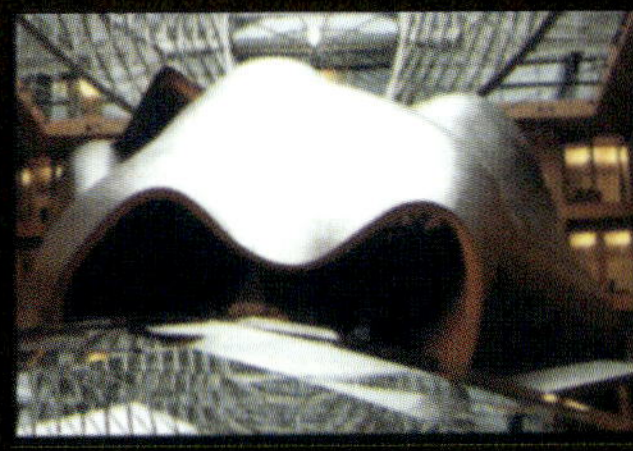

| 구조 시스템 |

이 건물은 5층 규모로 직사각형의 아트리움 공간을 둘러싸고 있는 형태이다. 이 매스는 내부와 외부에 규칙적인 창과 기둥의 반복으로 심메트리 한 이미지를 주고 있는데, 아트리움 공간의 천창 디자인과 내부에 있는 회의실 매스를 통해 파격을 주고 있다. 아트리움 천창은 물고기 비늘을 연상시키는 구조로 틀을 짜서 유리막을 형성하고 있고, 또한 회의실은 티타늄으로 마감된 생동감 있는 매스로 디자인되어 있다. 전체적으로 건물 매스부분은 디테일을 노출시키지 않고 단순하게 표현하고 있고 반면에 아트리움 공간은 디테일 한 요소들을 많이 활용해서 공간에 생동감을 주고 있다.

| 동선순환체계 |

이 건물의 내부는 아트리움을 중심으로 복도를 두어 한층의 동선이 순환할 수 있도록 계획되어 있고, 아트리움 공중에 있는 회의실 매스로는 다리를 통해 진입할 수 있다.

| 주요 디테일 |

– 유리 난간 : 아트리움 복도 쪽에 있는 난간들을 유리로 표현해서 디테일 한 이미지를 피하면서 내부 입면을 최대한 단순하면서 면으로 인식되도록 하고 있다.

– 회의실 : 아트리움 공간 한가운데 떠 있는 회의실은 물고기의 움직임을 추상화한 것으로 프랭크 게리는 가장 생동감 있는 형태를 만들고자 하였다.

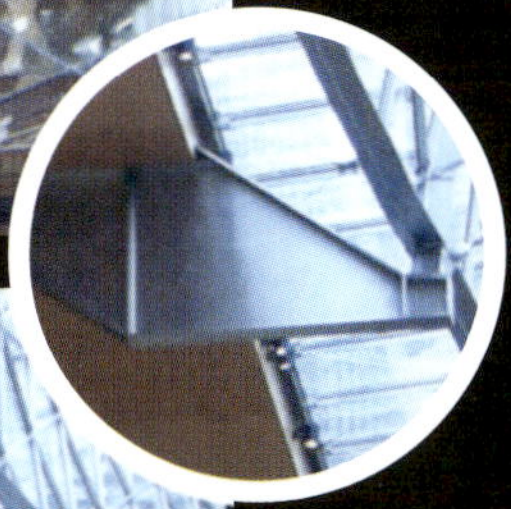

스위스 유니온 뱅크
Union Bank of Switzerland

Mario Botta의 건축사고방식
: 마리오 보타, "티치노(Ticino) 학파"–Heinrich Klotz

〈티치노 학파〉가 논의될 때마다 마리오 보타의 건물은 관심의 초점이 되고 있다. 1970년경 이래로 이탈리아와 독일의 언어문화권 사이인 스위스 국경지대에는 깜짝 놀랄 정도로 풍부한 건축 –포스트 모더니즘의 시도라고 할 수 있는 것–의 발전이 있어왔다. 기능주의의 낡은 도식은 계획안(案)에서 뿐만 아니라 실질적 실행에서도 의문시되었다. 알도 로시(Aldo Rossi)가 1972년부터 1974년까지 취리히에 체류한 이후로 이러한 경향은 더욱 짙어졌다.

그러나 마리오 보타는 로시에 비해 독자적으로 자신의 길을 추구하였다. 그의 주된 스승은 르 코르뷔제와 루이스 칸이었으며, 그들의 후원과 더불어 마리오 보타는 건축에 있어서 지속적인 신념을 발전시켰다. 그가 설계한 모든 건물들은 고도의 자기 확신을 지니고 있는데, 마치 건축이란 어떤 손상을 입지도 않을뿐더러 입힐 수도 없는 듯하다. 예를 들어, 〈카데나조(Cadenazzo)에 있는 주택〉은 다른 어떤 건물도 그 주변에 존재하지 않았던 듯이 전체적으로 독립된 인상을 주고 있다. 실제로 어떤 요소는 그것을 주택으로 인식하는데 어려움을 주었다. 그 주택은 그 지방의 유형학이나 지형학적 형세와는 아무런 관련을 맺고 있지 않다. 여기서 마리오 보타가 한 일은 루이스 칸이 공공건물(large oculi 등)을 위해 준비했던 몇 가지 형태들을 개인 주택에 옮겨 놓는 것이었다.

마리오 보타의 작품은 오늘날에조차 건축이 어떤 제약 인자들을 수용하기 어렵다 할지라도–건축이 유형학적이고 지역적이며, 지형학적이거나 혹은 역사적인 용어로 그 자체를 정의할 수 없더라도–건축의 신뢰성이 유지되고 있음을 입증해 줄 것이다.

〈카데나조에 있는 주택〉과 리바 산 비탈레(Riva San Vitale)에 있는 〈타워 하우스〉와 같은 건물들은 건축의 독자성과 창조력에서 끊임없는 확신을 전제로 하고 있다. 그러나 티치노 지역에서 〈타워 하우스〉들이 발견된

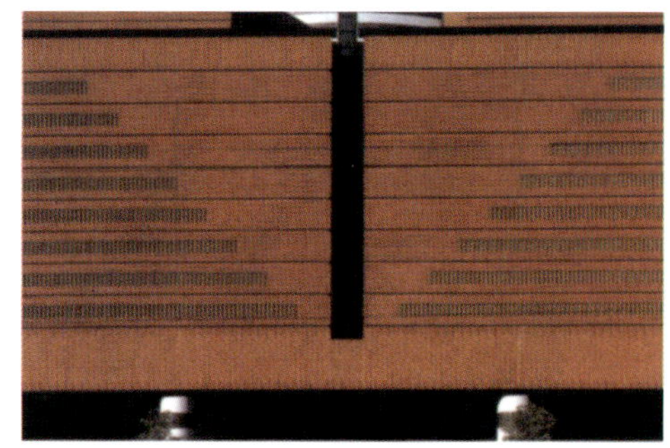

1

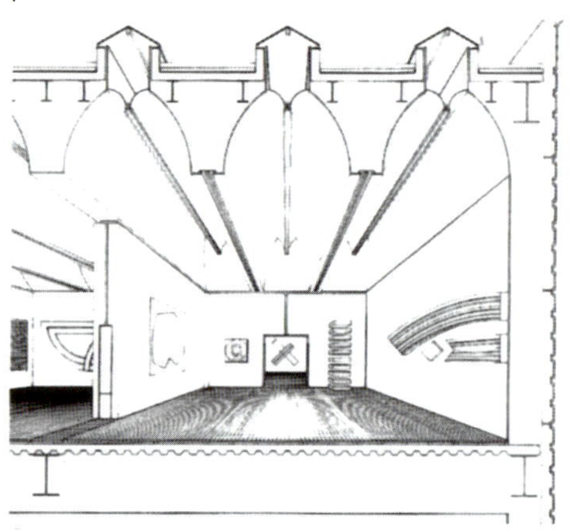

2

3　4

5

6

다고 해서 마리오 보타의 작품에 대해 정확한 설명을 하지는 못한다. 그는 자신이 유감스럽게 생각하는 경험 주의의 열풍에 위험스러우리 만치 가깝다고 혐의를 두고 있는 죠르지오 그라시에 대해 극도로 반대 입장을 표명하고 있다. 카데나조에 있는 주택은 단지 루이스 칸의 작품에 영향을 받은 것이다. 때때로 예술이란 단지 예술에 관하여 설명하는 것이 가능할 뿐이라고 하는 것처럼, 마리오 보타의 초기 건물들에 대해, 건축이란 건축에 관하여 설명하는 것이라고 할 수 있을 것이다. 그러나, 이것은 설화적 성격을 부여하는 데에는 충분하지 않다. 따라서, 보타는 매력을 주는 것에 가까울 뿐이며 형태론자의 아류에 가깝다. 형태의 무절제한 사용은 천박성과 일치하기 때문에 가장 위험하다. 형태는 내용이 결핍될 때 진부하게 된다. 아주 최근에 마리오 보타는 그런 추상개념을 포기했다.

교외 환경의 한가운데 있는 〈카사 로툰다(Casa Rotonda)〉를 보면 사람들은 마리오 보타가 직면했던 문제를 즉시 알 수 있다. 이 주택은 쉬운 방법을 취하기보다는 주변의 모든 것을 부정하고 있다. 건축에서의 함축적인 태도를 거주자들이 받아들일 가능성은 주택의 설화적 요소에 관한 잠재력의 일부가 될 것이며, 그 설화적 요소는 개방성과 폐쇄성 사이의 대조를 이룬다. 폐쇄성이 다양한 디테일(코니스, 창문, 계단실 기둥과 그 큰 주두)에 의해 강조될 때, 상부를 씌운 삼각형 천장과 한쪽 면에서 천창을 가르며 하부로 연결된 것은 외부 세계로 주택을 개방시키는 작용을 한다. 이 설화는 "새로운 건축"에 의해 호감을 받는 내용 —말하자면 기계 · 기술 · 자동차 · 증기선의 찬양— 과는 거리가 멀다.

포스트 모더니즘의 비평가들이 시사하는 바와 같이 〈카사 로툰다〉는 중세 시대가 재현되고 있음을 입증하는 것일까? 아니면, 마리오 보타는 친근성에 대한 유산 계급자의 이데올로기를 벗길 수는 없는 것일까? 진취적인 세계에서는 방어에 대한 마리오 보타의 실질적이며, 상징적인 공식이 진실을 향한 디딤돌이 아닐까?

〈카사 로툰다〉와 함께 마리오 보타는 유형학적인 전통뿐만 아니라 모더니즘의 관례를 붕괴시켰다. 이 주택은 전례가 없는 것이었다. 심지어 보다 초창기 주택에서도 마리오 보타는 죠르지오 그라시의 강력한 주장을 묵살하였는데, 그는 주관적인 경험에 반대하고 구체적인 것 및 전통적인 건축 요소와 객관적 실체에 대해 찬성하였다. G. 그라시의 주택과 그 환경의 마찰이 공동체의 내용이 될 수 없는데 반해, 보타는 일상적이지 않은 것이 극대화되도록 그리고 가능하면 쇄신적 영역이 이루어지는 메시지를 형식화하기 위해, 이런 특수한 상황을 이용한다. 한편, 그러한 진보는 새로운 유형학과 새로운 전통을 위한 이유와 출발점을 제시한다.

마리오 보타의 첫 건물은 그의 스승인 카를로니(Carloni)의 영향을 짙게 반영하고 있으며, 그 분위기에 매우

7

8

스위스 유니온 뱅크

잘 어울린다. 그의 이때 작품인 〈교구관〉은 인접한 교회 건물과 밀접하게 연관되어 있다. 그것은 똑같이 정방형으로 다듬어진 돌로 지어졌으며, 교회 지붕의 각을 반복하고 있다. 그러나 르 꼬르뷔제의 설계 사무소에서 일한 후로, 〈베니스 병원 계획안〉에서 마리오 보타는 〈카를로니 학풍〉을 외면하였다. 르 꼬르뷔제의 방식대로 조각적인 외부계단과 기념비적인 굴뚝을 포함해서, 상부를 돌출시킴으로써 〈스타비오(Stabio)에 있는 철근 콘크리트조 주택〉은 마리오 보타의 전원 속에 격리되어 있는 하나의 예술작품이다. 이 주택과 더불어 보타는 "독특한"이상을 추구하고 있었는데, 몇 년 후에 로버트 벤츄리는 그런 추상적인 조각 형태의 "명백한" 그리고 "영웅적인"사용은 뒤로 제쳐두어야 했다고 주장했다. 마리오 보타의 다음 건물로, 이미 언급된 〈카데나조에 있는 주택〉은 그의 다음 스승인 루이스 칸의 영향을 잘 보여주고 있다.

이런 변화를 통해 마리오 보타는 작품 방향에 있어서 직사각형의 평면 계획을 지속하였다. 〈리고네토(Ligornetto)에 있는 주택〉에서 그는 중간 1층 부분을 관통시키고, 직사각형으로 잘라 상부에서만 두 부분을 연결하였다. 〈리고네토 주택〉에서 마리오 보타는 줄무늬 직사각형의 관습을 정면에 처음으로 사용하였다. 정면의 갈색과 백색의 줄무늬는 티치노 건축의 특성을 나타내주는 외관인 것이다. 결국에 가서는 마리오 보타는 지역적 특색과 거리를 두었다. 그의 후기에 보이는 주택들은 팔라디안(Palladian)의 외관을 묘

10

11

12

사하고 있는데, 중앙의 박공 대신에 유리문들로 밀폐시킨 깊은 베란다를 지닌 구조물로 정확히 대칭을 이루고 있다. 마리오 보타가 설계한 비가넬로(viganello)에 있는 유리로 된 베럴 볼트 구조의 주택은 팔라디안의 반원 창을 생각나게 한다.

역사적인 것으로부터 르 꼬르뷔제의 단계와 칸의 추상적 영역은 더 이상 마리오 보타의 신념을 나타내는 조항이 아니었다. 창조에 대한 보타의 주관력은 그로 하여금 역사적 형태들로 더불어 실험을 하게 하였고, 내용과 설화 재료를 다루는 그의 재능이 나타난 것은 바로 그때였다. 구상주의적 재료에 대한 칸의 접근에 통합되지 않고서 칸으로 되돌아가는 추상형태의 조합을 사용함으로서 회화적 각색에 대한 관심에 빠지게 되었다.

마리오 보타는 주제에 대한 내향성과 외향성 사이에서의 갈등을 격었다. 그 주제는 환경 파괴와 같은 일반적인 문제를 다루지만 공동체의 결속 원리를 나타내기 위해 상징적 내용을 담은 일반사회의 본질로까지는 확대되지 않았다. 더욱이 일반적으로 타당한 상징의 "파괴"는 특별하고 개인적인 상징 작용의 확장과 결합되며, 이는 사회의 표현 욕구와 조화를 이루어 충돌을 일으킨다. 따라서 마리오 보타는 공동체의 정당성이 철저하게 줄어들었기 때문에, 형태는 공동체의 내용이라는 이름 속에서 철저하게 축약되어야만 한다는 G. 그라시의 주장에 직접적으로 반대하고 있다. 마리오 보타는 타당한 형태를 시도함으로써 사람들에게 타당성을 제시하기에 충분할 정도로 진지하게 개체성과 특수성을 취해낸다.

13

14

15

16

Union Bank of Switzerland

Via Maggio, Cassarate, Lugano, 1995, Switzerland, Mario Botta

작품설명

| 디자인 컨셉 |

루가노 호수를 바라보고 동쪽을 향해 마치 커다란 조개가 그 입을 벌리고 있는 모습과 같은 이 〈스위스 유니온 뱅크 빌딩〉은 루가노 호수가의 대표적인 건축물로 유명하며, 호수 근처 마리오 보타가 만든 목조 성당 모형으로부터 그리 멀리 떨어져 있지 않다. 루가노 지방은 마리오 보타의 고향으로서 상당수의 건물들이 그에 의해 건축되었는데, 이 건물도 그 대표적인 작품 중 하나이다.

마리오 보타의 다양한 건축물 가운데 특히, 은행과 같은 업무용 건축물은 대개 공통적으로 원을 사용하거나 가운데 부분에 유리 블럭을 사용하는 특징을 지닌다. 이러한 특성은 루가노 지방뿐만 아니라 다양한 지역에서도 역시 공통적인 것으로, 마리오 보타의 전형적인 건축 유형으로 볼 수 있다. 그의 교회 건축에서 볼 수 있는 원의 구성, 즉 원을 경사지게 구성하는 방식은 루가노 지방이나 프랑스 등지에서 모두 공통적인 것으로 이것

역시 하나의 유형으로 볼 수 있다. 더욱이 문화시설에서 보이는 전면 벽면의 구성과 스트라이프 띠도 역시 마찬가지라 볼 수 있다. 이와 같이, 〈스위스 유니온 뱅크 빌딩〉은 그의 은행 건축의 전형적인 유형으로 파악할 수 있다. 전면의 매스는 호수를 향하여 팔을 벌리듯 개방되어 있는데, 이는 건축 구성상 하나의 원을 반으로 자르고 그 원의 중심으로 가운데 정방형 박스를 떼어내는 방식이다. 그 결과, 가운데 부분은 반원 상태에서 매시브한 정방형 부분을 떼어내고, 그곳에 호수색의 투명하고 가벼운 철골 트러스와 유리 재료를 사용하여 건물의 육중함을 상당부분 경감시키는 구조로 처리되어 있는 것이다. 이러한 건축 구성은 그의 루가노에 있는 대부분의 오피스 빌딩에서 공통적으로 나타나는 건축 구성상의 공통점이다.

| 프로그램 |

도면을 보면 알 수 있지만, 전체 건물 구성은 두 개로 나누어져 있다. 정면에서 왼쪽으로 작은 박스 부분과 가운데의 반원형 부분이 그것인데, 왼쪽의 작은 박스 부분은 은행관련 관리부분 및 오피스이며, 가운데 반원형 부분이 본 건물이다. 이러한 프로그램상의 분절은 밖에서 보았을 때 거의 눈에 띄지 않으며 정면의 반원형 부분만이 크게 강조되도록 처리되어 있다. 전체 건물은 7층이며 반원형의 안 측에 있는 부분이 보이드로 처리되어 있다. 정면 가운데에 설치된 계단은 실외이자 동시에 실내로서의 분위기를 자아낸다.

| 동선순환체계 |

중앙의 은행 건물의 경우 1층 부분은 일부 필로티로 처리되어 있으며 입구 측으로 중앙 계단과 2개의 엘리베이터가 설치되어 있다. 이 부분을 통해 상층으로 동선이 배분되는데, 이는 은행을 이용하는 내방객용으로 처리된 것이다. 은행 직원을 위한 동선부분은 오른쪽 반원형 부분에 위치하고 있으며, 제일 뒤쪽으로도 일부 형성되어 있다. 옥상으로의 접근은 제일 뒤쪽의 계단을 통해 이루어진다.

| 구조 시스템 |

주요 건축 구조는 철골구조이며 외부 마감은 조적조로 이루어져 있다. 정면의 트러스가 외부로 돌출 되어 시각적으로 역동성을 부여하는데, 이는 가운데의 계단과 함께 정면 디자인의 포인트가 되고 있다. 전면의 트러스와 유리 블럭 그리고 철골조로 처리된 계단은 이 건물에서 외부에 구조적 특징을 가장 잘 나타내주는 역할을 하며, 기존의 조적조 일색의 마감에서 점차 벗어나 가볍고 투명한 공간감을 의도하려는 마리오 보타의 디자인상의 변화를 읽어낼 수 있는 단서가 되고 있다.

센트로 5 오피스 + 주거 건축
Centro 5 Office + Residential Building

작품설명

| 디자인 컨셉 |

루가노 도심 한 복판 Via Generale Guisan에 위치한 〈센트로 5 오피스〉는 마리오 보타 자신의 건축사무소가 있는 건물로 유명하다. 이 곳을 중심으로 마리오 보타의 은행건물과 오피스 빌딩들이 가까운 거리에 산재해 있는데, 대부분 은행 건물로 사용되며, 일부 오피스군(群)으로 쓰이고 있다. 이 건물의 경우, 주변의 조용한 환경으로 인해 일부 주거로 사용되며, 1층에 인테리어 사무실, 2, 3층에 마리오 보타의 건축사무실이 위치한다.

전체적인 건물의 구성은 완전한 원을 사용하여 다소 고전적인 느낌을 주고 있는데, 주변의 반원 또는 일부 원을 사용함으로서 나타나는 역동성이라는 측면과는 달리 안정되고 부드러운 느낌이 강한 건물이 되고 있다. 마리오 보타에 의하면, 이 건물을 디자인할 때, 고대 로마 건축과 르네상스 건축을 참조하였다고 하는데, 고대 로마의 원형 신전 건축의 모티브와 르네상스 시대에 지어진 템피에토(Tempieto)와 같은 건축 이미지가 강하게 표현되고 있다고 볼 수 있다. 따라서 이 건축물의 경우, 과거와의 환유적 표현 또는 지역성을 배경으로 한 역사성이 강한 건축물로 볼 수 있다.

a Generale Guisan, Lugano,
vitzerland, Mario Botta

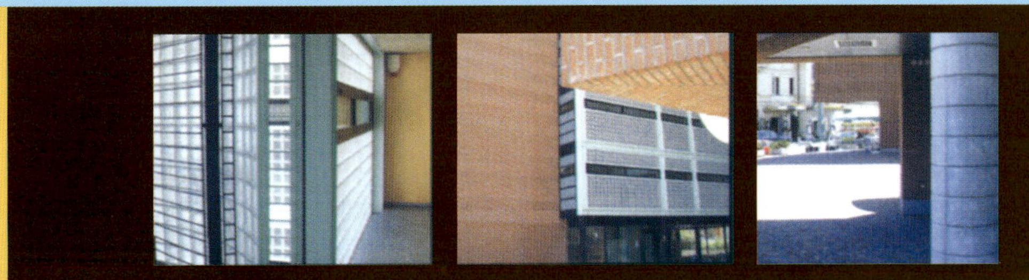

| 프로그램 |

건물이 비교적 단순한 관계로 프로그램적 복잡성도 상당히 단순하며, 두 가지 용도가 겸용되었으나 면적상의 작음으로 인해 쉽게 인지가 가능하다. 1층은 로비와 계단실 그리고 동선을 원활히 처리하기 위한 용도로 사용되며, 일부 인테리어 사무실이 위치하고 있다. 2, 3층은 마리오 보타의 사무실과 일부 주거부분, 그리고 4층은 주거부분으로 사용된다. 1층부분에 설치된 보이드 부분은 전 층에 걸쳐 이루어져 있으며, 천창 대신 천장이 설치되어 인공조명으로 내부가 채광되고 있다. 옥상 천장부분은 로마시대 판테온의 천장과 같이 코퍼식으로 처리되었으며 로비에서 보았을 때 역사적 인용을 쉽게 알 수 있도록 처리되었다.

| 동선순환체계 |

거의 완전한 원형으로 인해 외부에서 보았을 때, 다소 폐쇄적인 구성을 보이고 있으나, 건축 구성적 안정성은 뛰어나다고 볼 수 있다. 입구부분을 들어서면, 왼쪽으로 엘리베이터와 오른쪽으로 계단이 있으며 주로 계단을 통해 주요 동선이 처리되고 있음을 볼 수 있다. 각 층, 각 실로의 접근은 보이드 안 측에 마련된 복도를 통해 이루어진다.

| 구조 시스템 |

주요 건축 구조는 철골조이며 외부 마감은 조적조로 이루어져 있다. 내부에 설치된 보이드 부분의 구조나 천장의 코퍼식 구조는 일종의 과거 건축의 인용에서 비롯된 것이며, 이것이 실내의 역사적 인용과 지역적 특성을 강화시키는 역할을 하고 있다. 전체적인 구조는 비교적 단순하며, 복잡한 디테일이나 철재 마감 또는 유리와 같은 섬세한 디자인은 이루어지지 않았다.

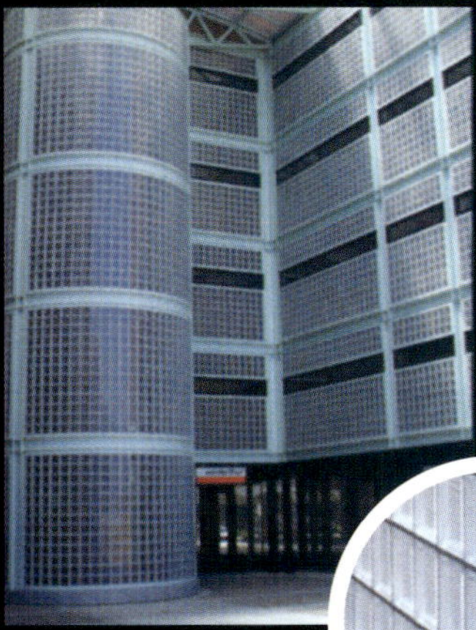
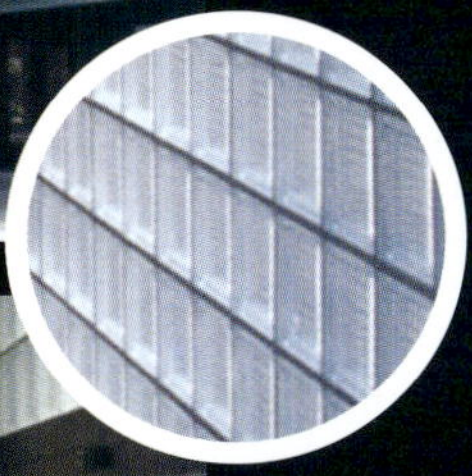
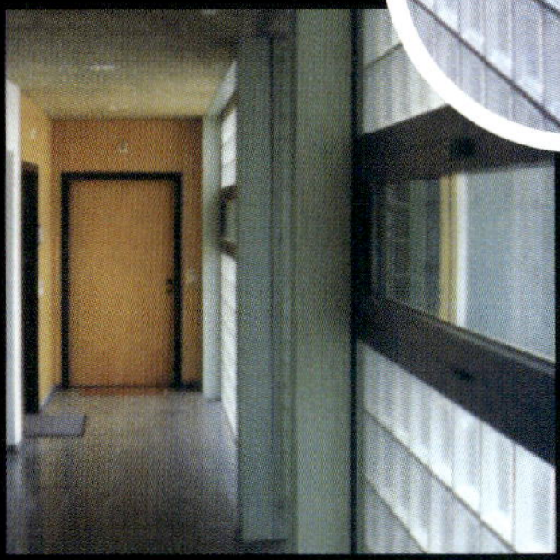
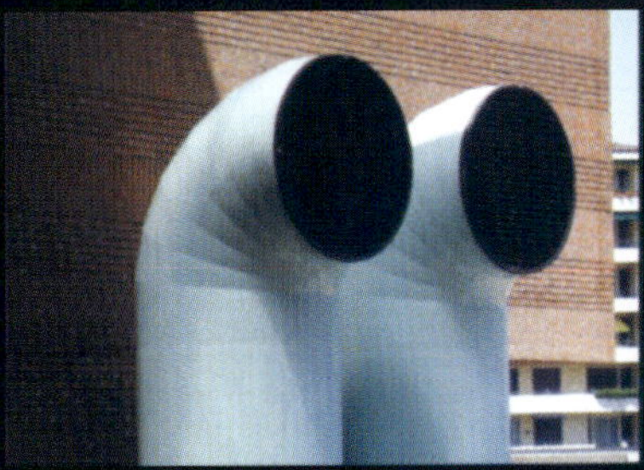
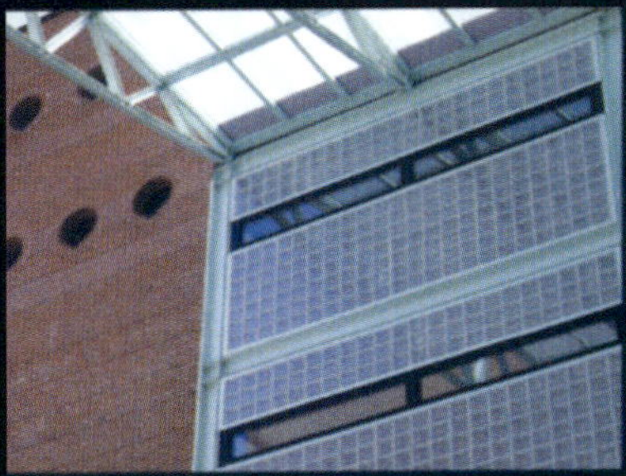
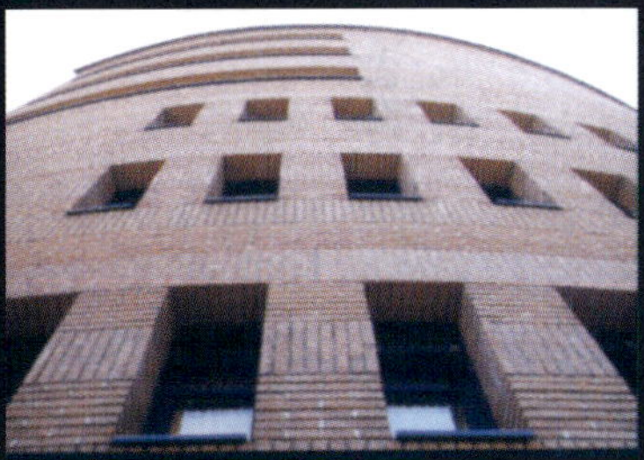
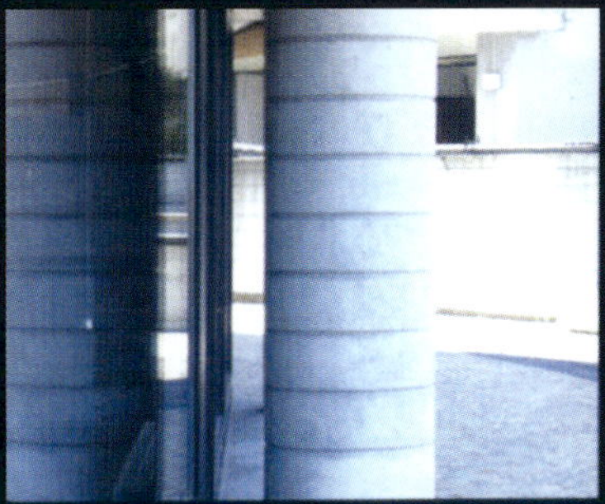

Eccezioni
-05.00-01.00
-Bus-Taxi
-Servizi a domicilio

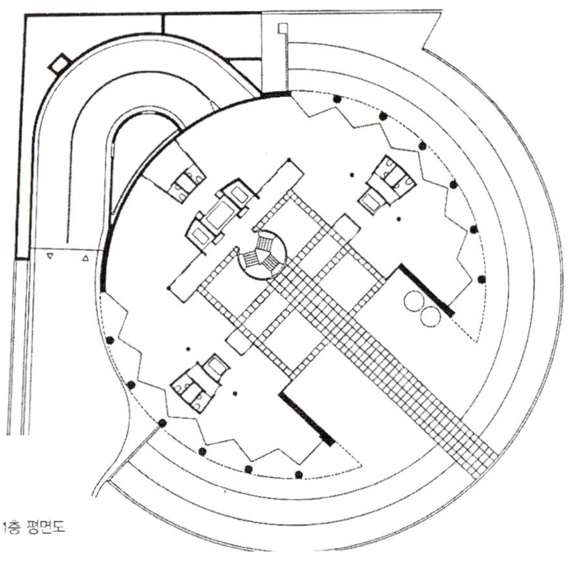

1층 평면도

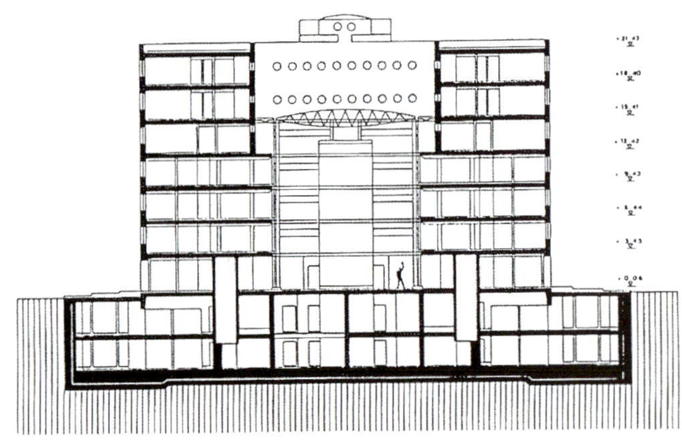

단면도

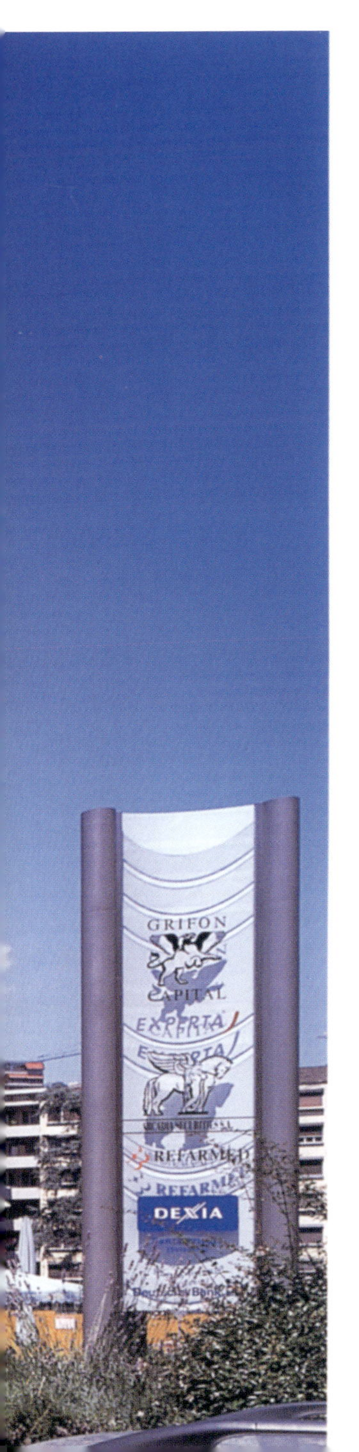

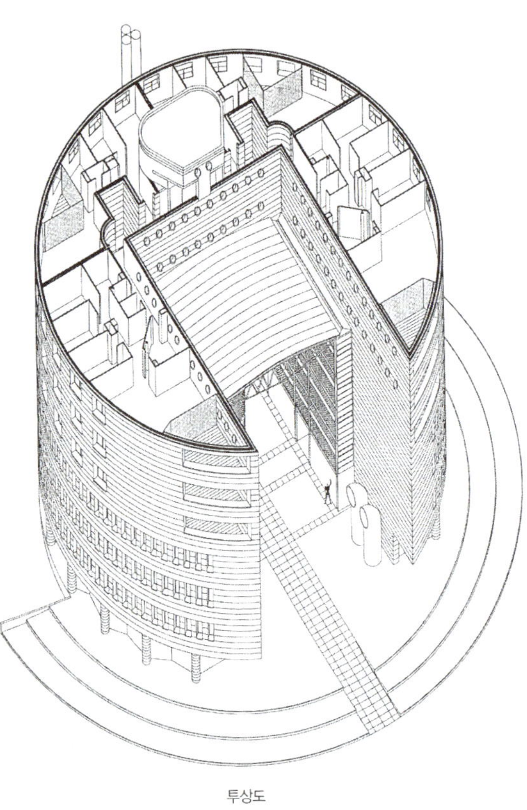

투상도

다목적 오피스 빌딩
Mixed Used Building

Via Ciani 16, Molino Vuovo,
Lugano, Switzerland, Mario Botta

작품설명

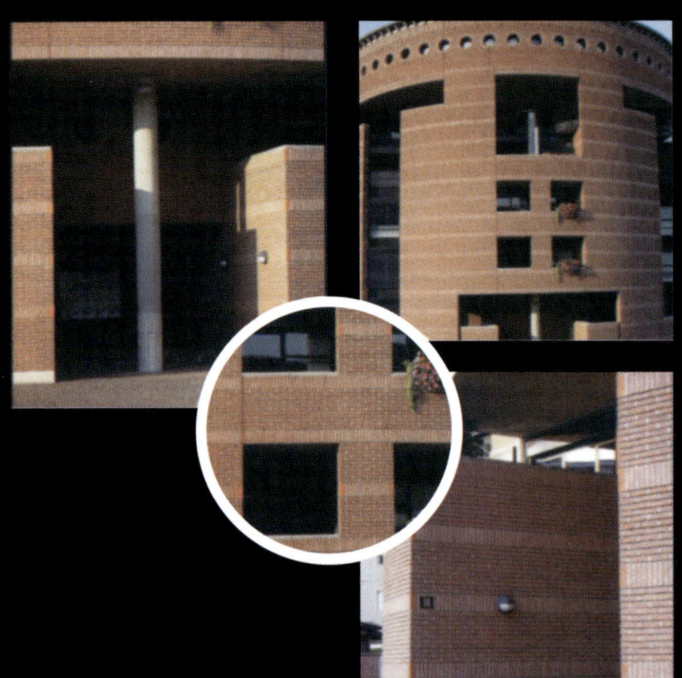

| 디자인 컨셉 |

루가노 도심 한 쪽 Via Ciani에 위치한 〈복합용도빌딩〉은 마리오 보타 자신의 건축사무소 옆으로 도보 10분 거리 안에 위치한다. 대부분 이 건물은 은행 건물로 사용되며, 일부 카페테리아, 일부 오피스로 전용되고 있다. 카페의 경우, 전면 광장 측에 있어 주변의 오피스군(群)에 서비스하는 기능을 하며, 이 건물만 서비스하는 것은 아니다. 일부 오피스의 경우, 건물 전체에 비해 그 규모가 크지 않지만, 은행 이외에도 개인 오피스 기능이 부가되어 다양한 사무소 용도의 건물이 되고 있다. 은행은 전면 광장을 중심으로 주 매스 부분에 설치되어 있으며, 건물군(群)은 'ㅁ' 자형으로 구성되어 중정식 광장을 중심으로 넓게 대지를 활용하고 있다.

| 프로그램 |

이 건물은 일부 오피스와 은행으로 겸용되는 관계로 건물의 동선처리나 프로그램이 다소 복잡화되며 중정을 중심으로 정면 부분과 양 측면에 은행이 설치되어있다. 광장에 설치된 기둥과 같은 구조물은 설비 데크로서 뿐만 아니라 시각적인 용도로 계획되었음을 알 수 있다. 광장을 중심으로 저층 부분이 일부 필로티로 처리되어 있는데 이는 'ㅁ' 자형 구조에서 시각적 및 동선상의 원활함을 의도하여 마련된 것으로 보인다.

| 구조 시스템 |

주요 건축 구조는 철근 콘크리트조이며 외부 마감은 조적조로 이루어져 있다. 주변에 지어진 마리오 보타의 건물과는 달리 여기에서는 전체적으로 예각의 날카로운 구성이 돋보이며 가운데 중정측에 설치된 둥근 계단을 제외하고는 모두 예각 또는 직각으로 처리된 박스 건물로 이루어져 있다. 전체적으로 보았을 때 복잡한 디테일이나 기교는 나타나있지 않으며, 조적조의 마감은 일부 철재를 사용하여 마감상의 완벽성을 꾀하기도 했다. 그러나 전체적인 인상은 벽돌의 순수한 매스감과 단순함을 강조하려 했던 것으로 보인다. 이러한 특성은 보타의 일련의 기하학적인 건물들에서 잘 나타나고 있는바 루가노 지방에서도 쉽게 찾아볼 수 있다. 입구 부분의 날카로운 예각의 표현은 건물에 역동성을 부여하며, 중정 측의 단조로움을 상쇄하는 역할을 한다.

| 동선순환체계 |

밖에서 보았을 때, 이 건물은 다소 폐쇄적인 구성을 보이고 있는데, 이는 중정식 광장으로 들어오면 곧 시각적 개방감과 동시에 영역성을 확보하려는 의도였음을 이해하게 된다. 동선은 주로 이 광장을 중심으로 이루어지는데 이곳에서 각 매스로 진입되며, 다양하고 많은 계단과 입구를 통해 각 실로 진입된다. 외부에서의 동선은 다양한 루트로 이루어지며, 저층에 형성된 일부 필로티로 인해 동선상의 단축을 꾀할 수 있게 된다.

각 실에서는 엘리베이터와 계단으로 상층으로의 동선이 배분되며, 주로 계단이 동선의 주요 흐름을 이끌고 있음을 알 수 있다.

오스트리아 뱅크

Austria Bank

Gunther Domening의 건축사고방식

Gunther Domening는 항상 특정한 몸짓을 작품에 담고 있다. 다소 무미건조한 비엔나 시내의 〈Favoriten 은행〉은 가장 우스꽝스럽고, 신랄하고, 즐겁고, 비관적이고 그리고 놀라울 정도로 세심하게 지어진 80년대 초기의 건물이다.

그 건물의 조형적으로 유연한 스텐레스 스틸의 스판드렐(spandrels)은 처음에는 움직임에 있어 콘크리트 프레임에서 뚝 떨어지는 것처럼 보인다. 이런 움직임은 동시에 자본주의의 붕괴를 암시하는 것처럼 보이고 입구 위쪽의 주름진 공간은 자본주의 시스템의 사악한 힘이 사람들을 안으로 들어오도록 하는 것 같다. 그러한 것은 단지 외부에 국한된 것은 아니다. 파이프로 된 내장기관을 연상시키는 내부와 움켜쥐는 듯한 손 모양 조형물은 훨씬 더 놀랄만한 것이다. 오스트리아에 살지 않는 누구라도 건축가가 고객이 자신의 건물을 세심하게, 가치 있고 무엇보다도 보기 좋은 건물로 만들려고 하는 보수적인 성향을 설득하는 문제를 어떻게 풀어나갈지 모를 것이다.

오스트리아 사람 누구도 건축가(Carinthia에서 태어나고 Graz에서 가르치고 있는)가 어떻게 자금문제에 잘 대처했는지 이해하는 사람은 없다. 수년간의 중재기간에 G. Domening의 건축은 항상 매혹적이고, 사건, 부드러움, 강함과 광범위한 상상력으로 인류를 이해하고자 하는 것으로 가득하다(예를 들어, AR Graz-nenfeldweg에 있는 그의 주택과 Bruck의 병원을 들 수 있다). 그가 지금 Graz대학을 위해 건설하는 거대한 50m길이의 교육단지는 제도 존중주의를 뛰어넘는 인류의 우아한 사색과 장소 만들기(placemaking)의 값진 승리가 될 것이다. 그러나 이러한 작업이 얼마나 멋진 것이 될지는 두고 볼일이다. Klagenfurt의 약 10마일 서쪽 시골 도시인 Volkermarkf에 위치한 〈Indnstriepark〉에 있는 새로운 건물은 우리가 얼마나 잘못 생각하고 있는지를 보여준다. 이곳은 특정 몸짓을 필요로 하는 프로젝트가 있다. 경공업의 새로운 분야와 사무실로 통하는 출입구가 되는 건물은 Carinthia지역에서 절실히 필요한 800여 개의 일자리가 창출 될 것이라는 바램에서 세심한 주의와 자본을 투자하고 있다. 이 건물은 녹지 위에 필리그리 스틸(filigree steel)과 유리로 만든 마치 거대한 소용돌이치는 듯한 모양으로 서있다. 이것은 마치 사람들을 기업용으로 쓰일 공간 안으로 들어오라고 손짓하는 듯 하다.

Domening는 〈Favoriten 은행〉 이후로는 자본주의에 대한 비판적 시각에 있어 중도적 입장을 취하는 것처럼 보인다(그러지 않으면 아마 돈이나 긁어모으고 쏟아내는 은행보다 생산적인 일을 하기 위한 건물을 기념하는 일이 훨씬 행복하다고 여기나 보다).

이 건물을 자본주의의 비판으로 해석하려는 시도로 보기는 어렵다. 아마도 그 건물의 하늘을 향한 발톱 모양을 한 철구조물이나 여기저기 흩어진 까마귀 깃털을 연상시키는 모습정도에서 자본주의 비판을 찾을 수 있을까? 그러나 주된 느낌은 환영과 신뢰이다. 힘차고 활기찬 생명력 있고 윤기 나는 새의 날개의 소용돌이치는 곡선과 강직함의 표시와 싱싱함, 관대함과 희망이 묻어난다.

이 건물의 주된 계획은 단순함이다. 익부(wing)에는 행정부서가 위치하고 익부(wing)의 콘크리트 포디움(podium)에 평행한 구조 블럭은 상대적으로 직접적이고 무언가가 결여된 듯한 1층 반의 제조공간을 위한 가설물로 처리되어 있다.

익부와 블록은 익부의 기초에 브리지로 연결되고 브리지는 윗 층의 갤러리와 까페가 있는 포디움의 꼭대기까지 연결된다. 포디움의 난간으로부터 콘크리트 타워는 리프트와 계단을 포함하는데 리프트와 계단은 몇몇 모서리에서 나타나서 익부의 골조와 서포터가 된다. 빛나는 익부의 커브를 지지하고 있는 주 구조(main structure)는 남쪽 전면 위 4개의 콘크리트 기둥들과 수직 콘크리트 플레이트와 더불어서 보강된 반대쪽에 위치한 기둥들이 있다.

이 콘크리트 구조는 경량의 철 케이지(cage)가 사무시설을 포함하고 하늘을 향해 솟구치는 듯한 캔틸레버를 지지한다. 이 작품의 주제는 사무공간 창작에 있어 평범함의 높은 기준을 기념하기 위함이다. 외관상, 도메니크의 건물은 명백히 다르다. 그것은 건물의 형상에 있어 비범함의 정도를 상당히 많이 제시한다. 또한 평면과 단면을 보라. 사무공간 구역은 단순하고 경제적으로 계획되었다. 이런 형태에도 불구하고 사무실들을 정교하고 복합적인 공간으로 레벨을 변화시킴으로서 서로간에 긴밀하게 연관되게 하여 멋진 경관을 제공한다.

작품설명

| 디자인 컨셉 |

오스트리아 비엔나의 도심지에 위치한 오스트리아 뱅크는 국립 중앙은행으로서 군터 도메니크의 초기 작품에 속한다. 현재 그의 작품이 해체적 경향의 매우 실험적인 작품이 특징이라면 이 은행 건물은 그 이전 단계인 구조적 실험 또는 기계적 실험 단계에 속한다.

군터 도메니크는 오스트리아 태생의 선도적인 건축가로서 현재 비엔나에서 활동하는 한스 홀라인과는 달리 오스트리아 제2의 도시인 그라츠에서 활동하고 있는 건축가이다. 그의 전반적인 작품은 오스트리아의 공업화와 기계산업의 발전단계와 큰 관계가 있다. 즉, 오스트리아 현대건축을 보면 한눈에 알 수 있듯이, 전반적인 흐름이 공업기술을 건축 디자인 단계에서부터 다루고 있는 것인데, 대표적인 건축가로는 쿱 힘멜브라우, 한스 홀라인, 시스코비츠키 등이 있으며, 군터 도메니크 역시 강력한 기계산업과 공업제품을 작품에 반영하고 있는 것이다. 그의 〈GIG 센터〉 건물과 〈휴텐베르그 전시빌딩〉에서도 역시 그러한 경향을 단적으로 파악할 수 있다. 도메니크의 〈오스트리아 뱅

크〉는 최근의 작품 경향과는 다소 다른 전반기의 작품 경향을 파악 할 수 있게 해준다. 건물 전체에서 보이는 다소 약하게 처리된 기계적 특징과 내부에서 보이는 공업화된 디테일 그리고 공간적 처리는 초기의 오스트리아 공업화 건축의 모습을 엿볼 수 있게 한다.

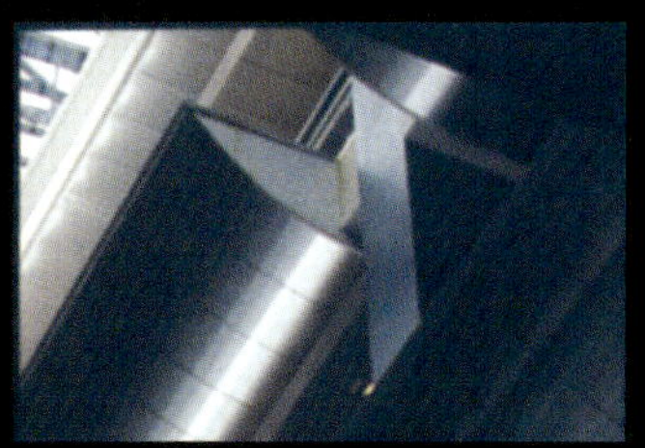  

| 프로그램 |

건물은 전부 은행으로 사용되고 있으며, 내부의 다채로운 공간감은 딱딱한 은행의 인상을 부드럽게 만들어준다. 내부를 들어서면, 외부에서 느껴지는 공업화 건축의 차가움이 사라지고 매장 전체가 보이드 된 아트리움으로 처리되어 따뜻한 햇볕과 맑은 공기를 담아두는 인상 좋은 풍부한 공간으로서 탈바꿈한다.

| 동선순환체계 |

외부에서의 접근은 비교적 단순하게 처리된 반면, 내부에서의 동선의 처리는 다소 복잡하게 이루어져 있다. 특히, 아트리움 부분의 공간은 다양한 계단과 에스컬레이터로 인해 역동성을 나타냄과 동시에 상층으로의 다양한 접근을 허용한다. 상층으로의 접근은 전 층에 걸쳐 마련된 보이드와 아트리움으로 인해 훌륭한 시각과 전망을 마련해 준다.

| 구조 시스템 |

주요 건축구조는 철골조로 되어 있으며, 가벼운 공업제품의 외피는 커튼 월 방식으로 마감되어 있다. 상층에 설치된 천창은 구조적으로 실험에 가까운 모습이며, 실내에 설비적으로 상당히 도움을 주고 있다. 각층의 데크식 슬라브 방식으로 인해 다양한 공간감을 자아내고 있으며, 규칙적인 구조 그리드를 사용하여 구조적 효율성과 단순성 역시 확보하고 있다.

하이포 알페 아드리아 은행
Hypo Alpe-Adria-Bank AG

Tom Mayne의 건축사고방식
: 연결된 고립(Connected isolation)

건축(architecture)과 직접적인 관계가 있는 정치적인, 경제적인 맥락은 실체가 없고 복잡하지만, 우리는 "중재(intervention)"에 대한 우리의 목적과 방법을 규제하는 입장을 주장할 수밖에 없다. 무엇이 이러한 규제에 관련된 문제들인가?

첫째, 우리의 작업에 공공성과 개인성을 통합하고 분명하게 표현하는 것은 효과적인 응집성(coherency)의 개념을 필수적인 사회적 조건으로서 발전시키는데 중요하다는 것이다.

둘째, 한 개인의 특징(idiosyncrasy)을 지지하고 기여해줄 방법을 발전시키는데 필수적이다는 것이다. 오늘날 중요한 것은 복잡한 매일 매일의 경험을 이해하고 활용하는 것이다.

셋째, 우리의 욕구를 우리시대에 확실하게 해석하는 데 있다. 문자 그대로의 역사적인 선례에서처럼 건축양식의 최근 "열중(intoxication)"은 우리에게 도시의 거대함과 복잡성 측면에서 퇴보하는 단계라는 절망감을 보여주고 있다. 건축양식은 현재에 근거하고 현재를 추구하는 것이 필수적이다.

점점 더 거대해지는 공공성의 범위와 항상 제한적인 개인성 범위 사이에서 끊임없이 계속되는 양극성은 집단 대 개인이 우리의 현재 환경 내에서 본래부터의 문제를 해결하기 위한 근본적인 적합성에 대한 의문을 가중시킨다. 이러한 양극성의 존재는 하나 또는 그 나머지 사이에서 선택할 필요가 없다. 건축양식은 이들 양극 사이에서 혼들리는데 선택할 기회가 있다. 즉, 그들의 현상을 갈등하고 그들의 창조적인 가능성을 최대화하도록 불안정하게 하는 요인에 대한 물리적인 징후는 우리와 동시대의 최근의 도시가 더 이상 실체로서 동일함을 확인할 수 없다는 것이다.

1

2

3

4

5

장소의 응집성(통일)은 가장자리나 경계를 지각할 수 있는 것을 줄이는 것이다. 우리가 제안하는 것은 경계 개념이 주변부의 영토를 표시하거나 한계를 정하는 것, 안과 밖 그리고 중앙과 그 주변 그리고 역으로 구분 짓는 것임에 의문을 제기하는 것이다. 우리의 초기 프로젝트들 즉 〈2-4-6-8〉과 〈Venice Ⅲ〉 그리고 〈6번가〉는 표면의 부피(surface volume) 관계가 그 조건에서 본래의 팽창력(tension)을 최대화하기 위해 시도되었던 진보적인 연구를 보여주고 있다.

현대 역학의 잠재력은 사람들을 밖으로 향하게 하여 특별하고 인간적인 형태를 취할 수 있게 할 수 있다. 본질적으로 단순하고 정돈된 것 같은 삶의 방식과 동떨어진 복잡하고 빗나간 것 같은 삶의 관점으로의 이동은 각 개인이 성숙되면서 지나가는 것이다. 인간으로서 존재할 때 발전의 본질은 훨씬 더 복잡한 경험을 수용할 수 있는 능력을 발전시키는데 있다.

우리의 제안은 차이점을 받아들여야만 하는데, 그것들은 우리가 살고 있는 동시대 환경을 구성하는 복잡한 시스템의 산물이기 때문이다. 가장 최근의 획일화와 단순화 경향을 벗어나야만 한다. 그리고 나서 이것은 핵심 문제이다. 즉, 다양성의 인식은 사물에 대한 자연적인 진보이다. 혼합되거나 안정적인 어떤 것에 대한 대치물을 찾는 것보다 오히려 역동적인 상태를 수용하는 것이 거대한 도시의 에너지를 활용하는 것이다.

우리의 작업에서 강조점은 질서와 연속성이라는 틀 내에 고도의 차별화를 나타낼 수 있게 하는 조직적인 전략이다. 필수적인 건축적 요소(의지의 인공적인 요소)와 논쟁의 여지가 있는 요소(landscape, 조망) 사이에서 공존은 조화와 긴장 둘 모두의 상태를 표현한다. 인공적 요소와 풍경적 요소는 자연적인 장면에서 모순되기도 하지만, 자연적인 장면과 편안히 동시적으로 공존한다. 해결책은 그것들의 분열된 특성이 사물의 시작과 끝 그리고 미완성된 질적 측면을 지각하게 해주는 것으로 특징 지워진다. 그것은 점차 증가하는 만들기 프로세스(making process)의 일부로 다음의 "중재(intervention)"를 예측하기 위해 억제하거나 관찰하게 해준다. 따라서, 우리 작업의 끝은 다음의 시작을 나타낸다.

6

7

8

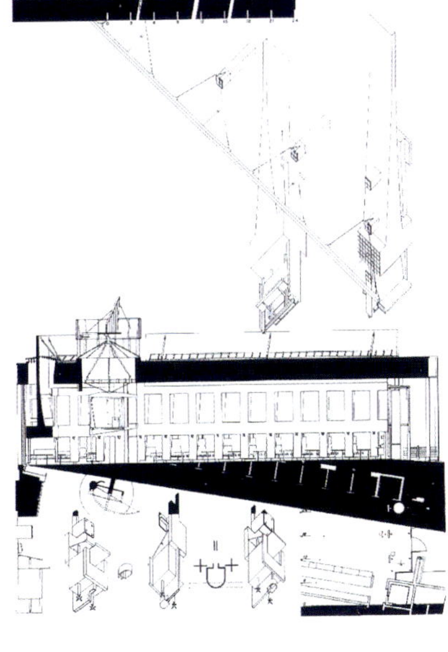

10

11

12

ALPE-ADRIA-AREN
RESTAURANT

HYPO
ALPE-ADRIA-BANK
City
3,5

HYPO

HYP
ALPE·ADRIA

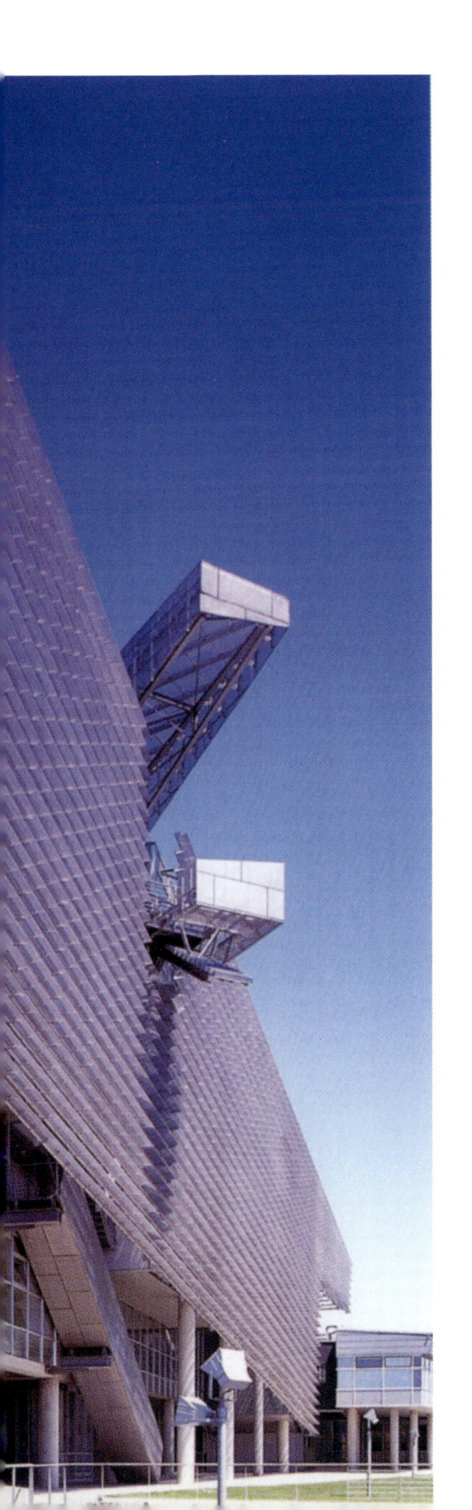

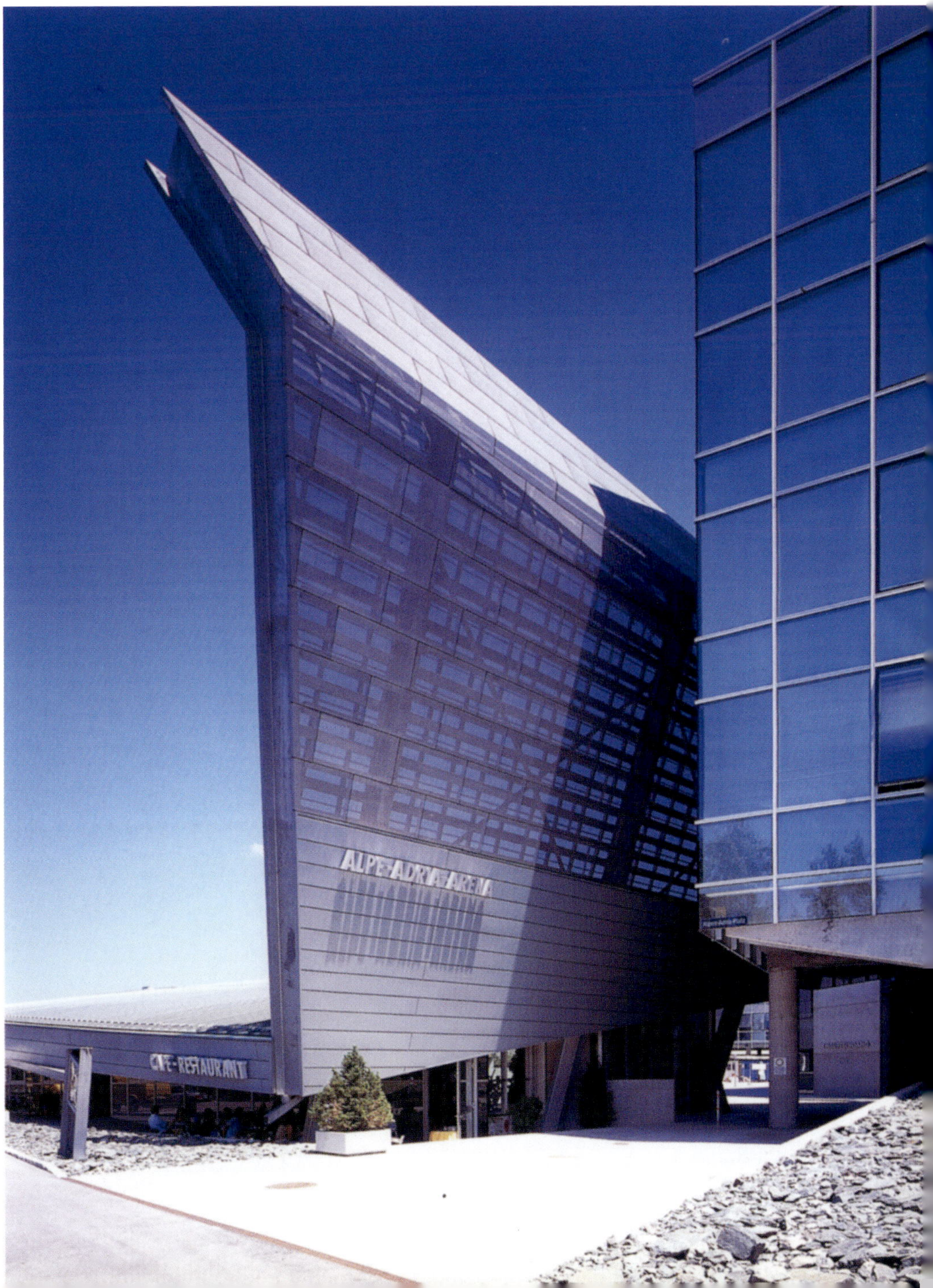
ALPE-ADRIA-ARENA
CAFE-RESTAURANT

entrum
i H

리콜라 유럽 공장과 창고
Ricola Europe Factory and Storage Building

Herzog & de Meuron의 건축사고방식
: 터빈 홀의 협동(Collaboration in the Turbine Hall)

"말하자면 이중 전략인 것입니다. 우리들이 수행했던 많은 프로젝트에서, 이것을 빠뜨릴 수는 없다고 생각합니다. 이 전략은 거의 눈에는 안보이게, 혹은 표면화되지 않도록 하면서도 감상자, 즉 이용자가 그 면(面)을 마주 대했을 때, 강렬하게 그 면과 관련되도록 하는 방식으로 의도된 것입니다. 그것은 거의 눈치채지 않도록 처리되어 있습니다. 그러나, 갑자기 그러한 상황에 접하게 되는 것, 그것이 이 전략의 목적인 것입니다. 익숙한 상태에서, 그것은 관찰자에게 발견되어 이해됩니다. 그런 전략을 〈테이트 갤러리〉에서도 사용했습니다."

여기서 자크 헤르조그는 작은 4개의 문자(건축)를 언급하고 있다. 그것은 E, D, E, N의 문자를 본뜬 기둥에, 흑색의 콘크리트로 만든 그물 망 모양의 슬라브를 얹은 것이다. 이를 통해 볼 때, 그가 화제로 다루어지는 것도 대충 납득할 수 있다. 그러나 그것이 〈테이트 갤러리 근대미술관〉과 어떠한 맥락에서 이야기되고 있는지, 이것에 대해서는 상당히 막연하다. 중앙에 굴뚝이 우뚝 솟아있고, 벽돌 벽으로 만들어진 이 거대한 건물은 한

1

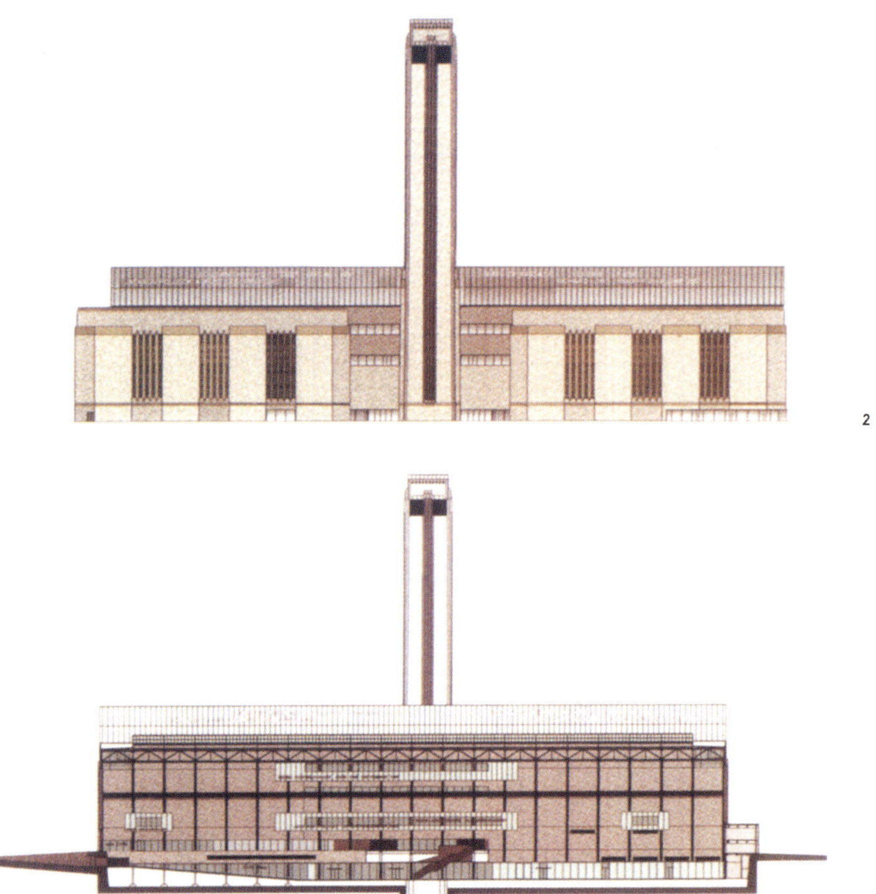

2

3

때는 발전소였다. 그때의 첫인상을 말하면, 건물의 존재 자체가 오히려 주위에서 격리되어 있어 결코 아름다운 것이 아니었다. 헤르조그는 어떤 연속 강연 장소를 빌려 앞의 코멘트를 발표했다. 거기서 그는 몇 명의 독일인 사진가의 작품과 인위적인 환경과의 관계를 검증해 갔지만, 이 문맥에서라면, 그의 연설이 이 지역(강가) 계획의 한 측면을 부조로 할 것을 생각하고 있음을 알 수 있다. 거기에는 어떻게 기존 건물이 발산하는 강렬한 존재감을 해체하고 한층 더 방향 전환을 하면서, 다음 역할에 친숙해 지게 할 것인지가 표명되고 있다.

이 대지의 설계 경기에서는, 최종 단계에 남은 응모안 중에서도 건물의 전체 구성에 있어서 헤르조그 & 드 뮤론의 안(案)이 기존의 건물에 가장 충실했다. 그들의 안은 의도를 명백하게 보여주지 않으면서, "건물에 매스의 분절이나 장식적으로 해결한 것은 아니었다." 외관상, 이번 증축에서 가장 특징적인 것은 2층의 "빛의 보(樑)"가 구 보일러 하우스 위에 설치되었다는 것이다. 그리고, 이 대들보의 수평성이 기존의 굴뚝이 이루는 강렬한 수직성에 저항하게 된 것이다. 내부에서는 탑 라이트를 포함한 터빈 홀이 사람들이 모이는 장소로서 남겨져 있으며, 거기에는 대대적인 예술 작품이 일시적으로 전시되기도 한다. 이와 같이, 깨끗하고 세련된 해결안은 실제로는 어쨌든 인상적이며 심사위원들도 이와 같이 느꼈을 것이다. 그러나, "경험의 간과 (experienced inattentively)"와 같이, 다음과 같은 가능성은 부정할 수 없다. 즉, 수많은 세세한 변경을 가하면서, 축을 이루는 전략을 성립시켜 가지만, 이러한 변경에 대해서는 거의 눈치채지 못하게 하는 것이다.

1995년에 굴뚝이 지어지자, 피라미드형의 구성이 완성되었다. 굴뚝이 우뚝 솟아있는 중앙 건축물의 기둥과 기둥 사이는 위로 한단 돌출 되어 있지만, 저층부에서는 하안(河岸) 가까이에 증축이 이루어지고 있었다. "빛의 보"를 아래의 매스나 위의 굴뚝과 일체화시키기 위해서, 이 건축물의 기둥과 기둥 사이 부분은 본래의 디자인으로 환원되어 2장의 패널화에 의해 굴뚝의 양 옆에 협칸을 만들어내고 있다. 그리고 1층 레벨에 새롭게 엔트런스가 만들어졌으며, 상부에는 전망 테라스가 여러 군데에 설치되었다. 건물의 편리성을 도모하기 위해, 부지내의 세장한 건물은 큰 폭으로 철거되었다. 한층 더 울창하고 무성한 나무들이 평소부터 부지의 경계라든가 주위의 거리 풍경과의 관계를 숨기고 있었기 때문에, 이것들도 벌채되었다. 건물의 전모를 완전히 드러내 버리자, 건축가는 기존의 지반을 오픈하여 폭이 넓은 슬로프를 통해, 거기에 메인 엔트런스를 마련했다. 이렇게 해서 "(상부의) 솔리드 한 매스를 한 층 더 위압적으로" 보이게 하고 나서, 사람들을 터빈 홀 내부로 끌어들이도록 되어 있다. 우리가 보는 건물은, 1963년이래 변함 없이 이 둑방 쪽에 서있게 되었다. 이것은

리콜라 유럽 공장과 창고

당연한 사실이지만, 그러나 거기에서 받는 이미지는 일련의 조작에 의해 만들어 낼 수 있었던 것이다. 그 덕분에 원래의 건물은 존중되면서도, 새로운 양상을 나타내고 있다. 내부 공간에 있어도 같은 조작이 두루 영향을 미치고 있다. 즉, 기존의 건물의 가치는 인정되면서, 동시에 변형도 이루어졌다. 터빈 홀의 콘크리트 바닥에는 이전에는 대형 기계가 놓여져 있었지만, 이번에는 중앙에 넓은 플랫폼을 마련하기 위해, 이 바닥 면은 축소되었다. 이 〈테이트 갤러리의 다리〉는 엔트런스 경사로를 올라 입구 바로 위에 설치되었다. 보일러 하우스 부분에는 새롭게 철골 구조가 가설되었다. 이 그리드상의 구조체는 문 모양의 이동 크레인의 다리와 평행하게 서있으면서, 외벽의 구조 패턴과도 대응하고 있다. 더욱이 보일러 기기가 좌우 대칭으로 설계되고 있는데, 이것을 반영해 갤러리의 배치 계획에도 터빈 홀 측에 신설된 장대한 벽면 구성도 좌우 대칭성이 이용되었다.

이 새로운 벽면에 대해서는 유리 상자가 돌출되어 있는 것을 제외하면, 상처 하나 없는 마무리가 눈길을 끈다. 그것과는 대조적으로, 조적조의 옛날 벽에는 고친 흔적이나 덧칠이 이루어져 있다. 그 모습이, 이것과 전부 같은 회색으로 칠해진 대면하는 벽으로부터 바라볼 수 있다. 노후화 된 터빈 홀의 지붕은 원래의 모습을 재현하는 형태로 복구되었지만, 채광은 개선되었으며, 또한 문 모양의 이동 크레인도 향후에는 작품 설치에 이용되었다. 관찰, 평가, 재생의 프로세스가 계속적으로 진행되는 동안에, 새로운 프로그램은 낡은 겉껍데기를 틈새 없게 메우고, 여러 가지 변환 조작이 그물 망과 같이 이루어져, 바위와 같이 움직이지 않았던 옛 건물은 그 안에서 서로 관련되고 있다.

미술관측의 자료에 의하면, 〈테이트 갤러리〉는 파리의 〈퐁피두센터〉나 〈뉴욕 근대미술관〉에 필적하는 것이어서, "차세대 미술관의 본연의 자세를 제안"하고, 연간 200만명의 내방객을 확신하고 있다. 이상을 염두에 두면서, 헤르조그 & 드 뮤론의 활동에 있어서의 "5명의 파트너"에 대해 알아두는 것도 필요하다. 더욱이 그가 아트 갤러리 전반의 디자인에는 불가결한 존재이며, 그 중에서도 〈퐁피두센터〉의 디자인에 대해서는 반드시 언급해야 할 것이라는 점도 이야기하고 싶다. 레미 자우그(Remy Zaugg)는 바젤을 거점으로 활동하는 인물로, 본래는 화가였지만, 헤르조그 & 드 뮤론과는 몇 번 공동으로 디자인을 해왔다. 그 한 예가 1992년에 완

8

9

10   11

12

13

14

15

성된 디종의 〈브루고니 대학 기숙사〉이다. 자우그는 지금까지 수많은 미술전의 큐레이터로서 여러 아티스트의 작품을 소개하였으며, 또한 그러한 활동의 기록 작성에서도 뛰어난 활약을 보였고 더욱이 저작 활동에 대해 지각의 문제나 갤러리 공간의 디자인을 다루어왔다. 1995년에 자우그의 지휘 하에, 헤르조그 & 드 뮤론의 일대 회고전이 〈퐁피두센터〉에서 개최되었으며, 그 후 1997년에는 이 두 명의 건축가에 의해 그 자신의 새로운 아틀리에가 뮬즈-파스타트(Mulhouse-Pfastatt)에 완성되었다.

자우그는 〈퐁피두센터〉에 대해 이러한 견해를 품고있다. 그는 이 시설에 갖추어진, 있는 그대로의 에너지와 그 집객력(集客力)을 높이 평가하면서도, 개개의 예술 작품의 전시에 대해서는 비판적이다. "작품군은 〈퐁피두센터〉의 자극적인 연출과 겨룰 수 있는 것은 아니며, 재미있는 도구도 안 된다. 비록 그러한 사용방식이 나타나게 되는 것같이 보여도, 반드시 그런 작품은 의도적으로 선택되어 전시 된 것이며, 겨우 비참한 모습을 보이는, 시대에 뒤떨어진 오브제와 다름없다."

자우그가 가설 패널을 이용한 전시 형식을 혐오하는 것은, 〈퐁피두센터〉에 한정된 것은 아니고, 1986년에 재판 된 책자에 나타나듯이, 그는 새로운 형식을 제안하는 것을 스스로의 명제로 삼고 있다. 그가 우선 기준으로 삼는 것은 지각 행위를 존중하는 것이다. 그리고 물리적인 배열을 여럿 검토하면서, 자신의 생각을 처음부터 실천으로 옮긴다.

우선 예술 작품을 전시하는 공간은, 구형(矩形)의 평면을 요구한다. 그 이유는 개개의 작품간에 표현상의 충돌이 일어날 수도 있기 때문인데, 그것을 피하기 위해서이다. 벽면이나 천장에서는 소재를 통일한 데다가, 미묘한 질감을 부여하면서 흰색으로 마무리하지 않으면 안 되지만, 한편 바닥 면에는 "중간적인 명도의 천연 소재를 사용해, 마무리는 점묘 화법"으로 해야 할 것이 있다. 빛의 종류에 대해 지정하지 않고, 대신에 각각의 공간 평면을 개방하여 연속시키고 있다. "열 공급, 환기, 자연광이나 인공 빛 등의 설비가 필요하면, 어떤 장치라 해도 어쨌든 유리 상자 등으로 완전하게 가릴 필요가 있다." 그러한 공간을 얼마나 성립시키는가 하는 과제에 대해, 자우그는 여러 가지 가능성을 검토한 후에 결론에 가까스로 이르렀다. 그 후, 공간은 복수의 독립형 그룹으로 나누어지고 그것들이 하나의 동선 시스템에 의해 연결된다. 동선 부분에는 작품 전시가 이루어지지 않지만, 거기에서 주위의 도시 내지 전원 풍경을 바라볼 수가 있다. 갤러리 공간을 모아놓은 그룹들 간에 위계성은 결코 존재하지 않으며, 옥외의 경치는 다른 전시 공간으로 이동하는 관람객이 자신의 있을 곳을 확인할 때의 기준이 된다. 이러한 원칙 중 몇 가지는 헤르조그 & 드 뮤론이 1992년에 다룬 뮨헨의 〈20세기 박물관〉의 응모안(案)에 들어가 있다. 자우그도 이 디자인 팀에 참가하고 있었다. 그러나 성과 측면에서 말하면, 둑방 쪽의 계획이 보다 큰 진전이 있었다. 런던에서는 3층에 걸쳐서 메인 에스칼레이터를 사이에 두고 따로 따로 연속식의 전시 공간이 있다. 에스컬레이터를 내려가면, 테임즈 강 북측의 경치를, 혹은 터빈 홀 내부를 바라볼 수 있다. 그리고 연속되는 공간의 안쪽으로 나아가면, 직교하는 축상에 같은 경치가 가끔 나타난다. "빛의 보"의 바로 밑에 배치된 갤러리를 제외하면, 어느 전시 공간에서도 천장에는 사각형의 유리 패널이 들어가 있으며, 거기에서 빛이 충당된다. 그 광원이 자연광이든 인공 빛이든, 기존 건물의 통로 위치와는 관계없는 것으로, 일률적으로 이런 방식이 취해지고 있다. 각 갤러리의 내장은 아연 도금이 이루어진 구체 위에 MDF(중밀도 섬유) 판넬이 시공되어 표면은 희게 도장되어 있다. 바닥재에는 도장(塗裝)이 없는 미국산 오크가 사용되며, 냉방용 공기 도입구로서 특수 주철제의 격자가 장착되어 있다. 흡기는 천정의 유리 패널 프레임을 통해 이루어지며, 또한 스포트라이트(spotlight)를 늘리려면 이 프레임에 매달면 된다. 감상자에게는 공간마다 다른 체험을 부여하도록, 출입구 부분에는 깊은 굴곡이 시행되었다. 또한, 공간이 인접하는 부분, 즉 양 벽면에 설치된 틈새에는 수직 덕트를 매장할 수 있으며, 특별전시를 위해 벽을 보강하려면, 이곳이

리콜라 유럽 공장과 창고

작업 스페이스가 된다. 이 둑방 쪽의 건물에서는, 종래의 구조를 재현하는 형태로 새롭게 철골이 설치되며, 그것이 보일러 장치를 지지하는 대신에 갤러리를 지지한다. 이러한 뼈대는 그대로 노출되는 것이 아니라, 흰색 도장된 MDF에 숨겨지게 된다.

미술관 그 자체의 지각 작용도 역시 다루어지고 있다. "엄밀하게 말하면 작품 전시란, 한 점 혹은 여러 작품에 몰두하고 싶을 때 바라는 주체가 그 수용하고 있는 건물에 관심을 가지는 순간에 시작된다." 그리고 건물로 향하는 시점으로부터, 건물내부를 거쳐, 퇴관에 이르기까지의 전 행정이 확실히 갤러리 내부에 있어서의 지각 행위를 위한 체험을 이룬다. 자우그가 상상하는 자기 인식 차원에 도달하려면, 다음과 같은 일이 필요하게 된다. 우선, 공간을 예술 작품 전용 공간과 그 이외의 용도 공간으로 명확하게 구별할 것. 그리고 갤러리를 순회하는 행정에서 자신이 어디에 위치하는지를 감상자가 정확하게 파악할 수 있는 수단을 준비하는 것이다. 둑방 측면에서는 주요 동선 공간을 나타내기 위해서, 유리 벽면이라든지 슬로프가 있는 천장 경사가 사용되었다. 또한, 저층계(係)의 중요한 일반 시설은 바닥면의 색채나 소재에 의해 구별되고 있다. 예를 들어, 관객석은 빨강, 학습 영역은 오렌지, 서점은 유럽 산 오크재(材)로 처리되어있는 것이다. "유리의 큐브"에 갇힌 에스컬레이터를 다 오르면, 머리 위로 몇 개의 형광등이 평행하게 설치되어 있다. 이러한 수법은 〈퐁피두 센터〉에서 열린 회고전에 사용된 것과 아주 비슷하다. 이러한 장소에서는 주위의 도시나 터빈 홀이 반드시 눈에 들어오기 때문에 그것을 지표로 한사람 한사람이 즉시 자신의 위치를 파악할 수가 있다. 건물에 어프로치 할 때, "빛의 보"를 표적으로 하면, 그 아래의 새로운 시설을 알 수 있고, 또는 가까이 오면 어느 쪽의 단부에서도 알게 되어 있다. 터빈 홀에 발을 들여놓으면, 새로운 외관에서 몇 개의 유리벽의 돌출부가 보인다. 그것들은 갤러리의 위치를 나타내면서, 동시에 전시 내용의 상세한 안내로도 사용되고 있다.

최근 AA에서 행한 강연에 대해, 헤르조그는 그들 작품에 대한 자우그의 공적을 인정했다. "레미 자우그의 일은 지각의 문제에 깊게 관련되고 있으며...당연히 예술의 보이는 방식에 대해서는 그에게서 대부분을 배웠습니다." 〈테이트 갤러리〉에서는 우선 예비 조사 단계에서, 아티스트를 대상으로 현대 미술 전시에는 어떠한 타

16

17

18

19

20

21

입의 건물이 사용되어야 할 것인지에 대한 내용이 거론되었다. 거기서 부상했던 것이, 사용되지 않게 된 공업 건축의 재사용이었다. 둑방 측면의 건물이라면 이 기대에 응할 것이라고 생각되었지만, 그러나 갤러리 자체는 처음부터 건설이 되었고, 한편으로 기존의 건물에 있어서는 아직 이용 가능한 대공간이 확실히 존재했다. 이 대공간에는 자우그가 요구하는 예술과의 창조적인 만남을 실현시킬 뿐만 아니라, 세계 각 국으로부터의 관광객을 맞아들이는 조건이 갖추어져 있었다. 터빈 홀은 문 모양의 이동 크레인의 기하학적 배열 및 특정한 용도를 위한 기계 설비에 의해 그 규모가 나누어져 있었다. 따라서 이 터빈 홀에 와서, 헤르조그 & 드 뮤론이 지금까지 다루어 온 일련의 대공간은 절정에 이른다. 라우펜의 〈리콜라 창고〉, 〈바젤역 신호소〉, 나파 벨리의 〈드미나스 바인너리〉가 이 범주로 거론되고 있다. 어떤 프로젝트에 있어서도, 사람들의 요구에 의해 전제 조건이 정해지는 것은 아니기 때문에, 점잖은 공간에 기존의 가구를 비치할 필요도 없었다. 대신에 이와 같이 벽에 갇힌 건물에서는 그 기하학적 배열이 "추상적인 시스템"상의 기능에 맡길 수 있게 된다. 이 시스템에는 터무니없는 규모의 설비 및 정보를 필요로 하기 때문에, 인간의 입장이 최우선 될 필요는 없다. 터빈 홀은 슬럼가의 고급 주택화와 유사한 프로세스를 거쳐 보존되었다. 이렇게 해서, 적어도 여기에 관련된 두 종류의 사람들의 요구가 참작되었다. 우선, 연간 200만명의 내방객, 런던의 현대 미술을 둘러싼 여러 개인과 각종 기관이 그것이다. 헤르조그 & 드 뮤론은 모든 문제에 관심을 보이면서, 그것들을 해결하면서, 세계적으로 잘 알려진 새로운 갤러리의 설계를 정리했다. 그와 동시에, 아마 그 이상으로 큰 성과라고 할 수 있는 것은, 레미 자우그가 제창하는 여러 원칙을 사용함으로서, 어떤 환경이 정돈되는 것이다. 즉, 견학자 누구나가 이 장소에 용해되면서, 그 풍부한 체험을 맛본다는 것이다.

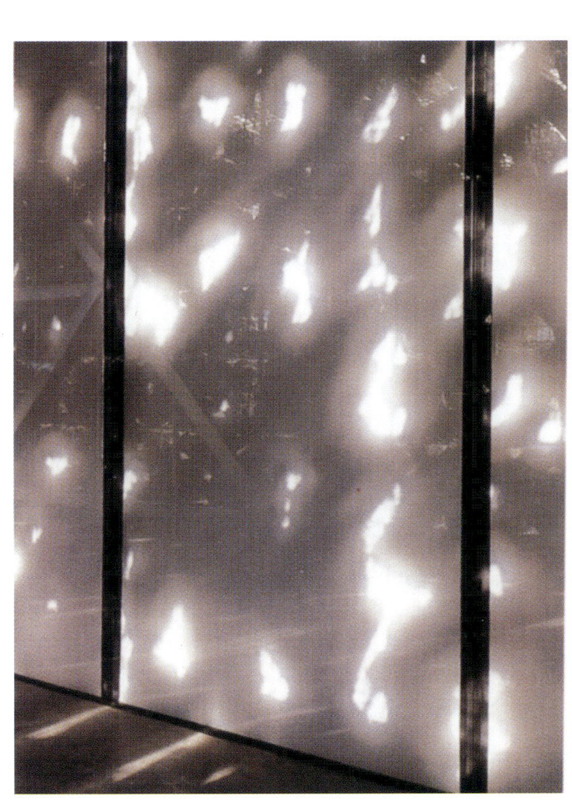

22

23

작품설명

| 디자인 컨셉 |

프랑스 물하우스 지방에 위치한 〈리콜라 공장 및 창고〉는 표면에 드리워진 실크스크린 된 피막으로 유명한 건축물이다. 외피에 이중의 작업을 행하는 이들의 수법은 이것말고도 상당수 존재한다.

쟈크 헤르조그와 피에르 드 뮤론의 건축물, 특히 그들의 최근의 건축물을 보면, 거기에는 기교 혹은 "수법"을 용이하게 인식시키는 회귀적이고 도상학적인 기호 혹은 모티프를 거의 표출하고 있지 않다는 점을 확인 할 수 있다. 각각의 건축물들은 그 콘텍스트나 프로그램과의 관계에 있어서, 하나의 건축 언어가 지니는 코드화의 모든 문제의 관계에 대해, 그리고 서명이 지니는 반복적인 효과와의 관계에 있어서 실제로 "특수한 것"이다.

헤르조그와 드 뮤론의 작품을 관찰해 보면, 전통과 근대성, 모방과 창조라는 대립에 대한 "교양화" 된 미묘하고 현명한 참조를 느낄 수 있는 반면, 구조와 소재의 엄격함이나 아이러니, 우의(寓意)의 완전한 부재는 사실 그의 작품에서 느낄 수 있는 대표적인 기호이다. 그들은 현실적인 건축의 실현을 추구하고 있는데, 여기서 그 전략은 두 가지의 의미가 있다. 하나는 유형학적 기반을 원용하면서도, 다른 하나는 건축적 조형에 있어 "아이러니"를 표현하는 것이다. 부가적인 요소가 꼴라쥬 되어 건물 유형과 충돌하는 것이다. 그 이유는 건물 구조체에는 중요한 의의가 담겨져 있기 때문이다. 예를 들어, 바로 이 〈리콜라 공장 및 창고〉에서 수평의 구조체가 주변 환경 및 창

고 내의 레이아웃과 연관되어 있다. 이것은 하나의 은유를 표현하는 것인데, 우리가 상상력을 구사하기 전, 바꾸어 말하면, 유추적 혹은 은유적인 공명을 일으킨다. 즉, 그것은 하나의 이미지이기 이전에 우선 우리의 지각 능력에 직면하게 된다. 그 대표적인 사례가 되는 것이 바로 이 〈리콜라사 공장 및 창고〉이다. 이 창고는 한 때 채석장의 야적장으로 사용되었기 때문에 부지로서의 크기가 제약을 받았다. 이 건물은 분할 불가능한, 직사각형의, 그리고 평행육면체로 이루어진 모든 단편화에 저항하는 듯한 하나의 전체적인 블록 형태로 만들어진 건축물이다. 푸르노 레이크 런은 〈리콜라사(社) 창고〉에 대해 다음과 같이 말하고 있다.

"표면의 텍스츄어 그 자체에 의해 주어지는 인상은 대상과의 거리와 함께 그리고 시야가 어프로치 중인지, 아니면 정면에서의 경우인지, 넓게 개방된 각도를 지닌 것인지 등의 시선의 양태와 함께 변화할 수 있을 것이다. 따라서 이 창고는 특권적인 시각을 고정하지 않는다. 이는, 미니멀리즘의 박스 형태와 같은 눈앞의 수수께끼는 우리가 그 대상의 주위를 돌게 됨에 따라 지각의 허용 능력의 중층화에 호소한다는 것을 기술하고 있는 것이다."

| 구조 시스템 |

건물의 전체적인 구조는 철근 콘크리트조이다. 형태 역시 매우 단순한데, 헤르조그의 주요 구조 형식인 긴 켄틸레버 처마가 전면에서 가장 잘 보인다. 벽의 외피에 처리된 실크스크린 된 시트지(Sheet Paper)는 빛의 변화에 따라 매우 환상적인 분위기를 자아내며, 외부에서보다는 내부에서 그 진가를 확인 할 수 있다.

목편 시멘트 판은 수평으로 설치되어 있지 않다. 이러한 판은 경사를 둘 수 있으며, 수직 방향으로부터 조금 치우쳐 있기 때문에, 이러한 판 뒤에 숨겨져 있는 것, 즉 통상은 습관적으로 감추어져 있는 유리 단열재나 수평 혹은 수직 목재의 지지 요소를 엿볼 수 있게 되어 있다. 모든 문제는 약 10cm를 넘지 않는 깊이 안에서 해결되고 있는 것이다. 이와 같이, 외관은 조금 얇은 박편(薄片)으로 구성되어 있으며, 일종의 표면의 배경을 거기서 찾을 수 있다. 그 결과 외피는 조금 다른 경사에 의해 무지개 색을 띄게 되며, 그 결과 눈은 외피의 문제를 인식하게 되는 것이다.

| 프로그램 |

이 건물은 비교적 단순한 공장으로서의 기능과 창고로서의 기능으로 이루어져 있다. 실내를 들어서면, 넓은 공장 공간이 눈앞에 들어오며, 오른쪽으로 창고가 들어서 있다. 공장과 창고는 벽 하나로 구분되어 있으며, 정문을 통해 들어왔을 때 벽 건너편이 공장이다.

| 동선순환체계 |

공장의 동선순환체계는 매우 간단하다. 외부에 있는 공장 정문을 들어오면, 오른쪽으로 주차장이 있으며, 왼편으로 긴 외부 길을 따라 건물 정문으로 들어가게 된다. 정문을 들어서면 창고와 공장 부분으로 바로 들어갈 수 있다.

누노타니 동경 빌딩
N.C. Building

Peter Eisenmann의 건축사고방식

어디에선가 희미하게 음악의 울림소리가 들려 온다고 느끼고 있었다. 피터 아이젠만의 설계에 의한 〈누노타니 빌딩〉의 5층의 복도에 서 있자면, 수직으로부터 조금 기운 벽을 눈으로 쫓으면서, 자신의 공간 감각이 아주 조금씩 요동쳐 오는 것을 느낄 수 있다. 이때 나의 신체의 수직성은 조금도 위협을 받지는 않았다. 그 뿐만 아니라, 기분 좋게 확실히 서있을 수 있었다. 하지만, 나의 그 "서있는 것"의 주변에 수직 방향으로 공간이 조금 요동하고 있었으며 그 요동이 멀리서의 음악과 같이 나에게는 영향을 준다.

그러나, 그런 일은 없었다. 어쨌든 이 건물은 어떤 의미에서는 가장 해체적인 건축가의 작품이다. 더욱이, 지구 물리의 판구조 이론 이론을 응용해 지진에 의한 해체 프로세스 그 자체가 건축의 중심 컨셉인 것처럼 설계된 작품이다. 인간의 신체의 근원적인 수직성이 여기서 위협을 받고 위험해지는 듯한 사건을 내가 기대하고 있었다고 해도 이상하지는 않다. 수직성의 탈 구축을 통해, 건축이라고 하는 원리 그 자체를 다시 생각할 계기를 줄 수 있다면 하고 생각했던 것이다.

그런데, 부슬부슬 이슬비가 내리는 만추의 오후, 토쿄의 변두리라기 보다는, 도(都)의 경계에 가까운 에도가와구(江戸川區)의 그야말로 서민적인 주택가를 걷자면, 돌연 분홍의 색조로 염색한, 막 무너져 내릴 것 같은 커다란 큐브가 눈에 들어온다. 아니, 여기서는 예상하고 있던 공격성은 전혀 느껴지지 않고, 오히려 주위 빌딩의 추악한 모습에 익숙한 시선에, 색채와 형태의 세련된 품위가 두드러져 보인다. 준공시에는 낡은 공장이 있어 잘 보이지 않았으나, 지금에 와서는 공터가 되어 있는 인접지를 통해, 전면 큐브의 창이 전혀 없는 측벽이

1

2

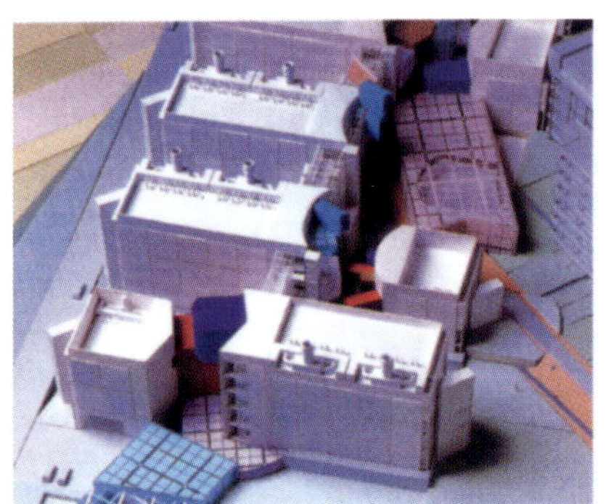

3

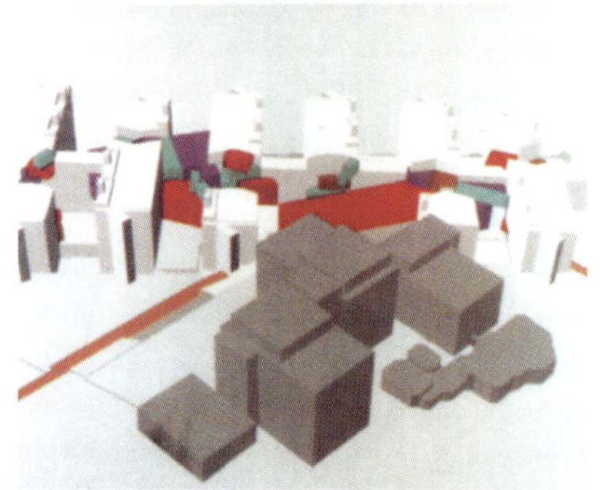

4

호롯이 우뚝 솟아 있다. 그 벽의 독특한 경사와 얼마의 구형(矩形)을 반복해 맞춘 듯한 색채의 분할이 추상화와 같으며, 그 만큼 아이젠만은 실은 조용한 건축가라고 마음대로 납득해 버렸다. 그리고, 이 조용함의 인상은 끝까지 사라지지 않았다.

예를 들어, 모퉁이에 해당하는 엔트런스 부분. 이 곳은 말하자면 각각의 플레이트 구조의 복합적인 폐해가 단적으로 표시되고 있는 장소이지만, 그러나 보도에 서서 그곳으로부터 다양한 종류로 비뚤어진 구형(矩形)이 집적된 직각의 외관을 올려다보고 있으면, 마치 건물이 붕괴되고 있는 듯한 환상과는 거리가 멀고, 오히려 면과 면이 겹쳐져 가는 리듬이 유머러스하게 즐거운 감각을 느낄 수 있다. 조금씩 다른 일종의 수직축, 수평축으로 둘러싸이고 있지만, 그것이 자신의 신체의 축(수직성)을 위협하는 것이 아니라, 서로 조용하게 호응하고 상호 공명하고 있음을 느끼는 것이다.

또한, 한번 안으로 들어오면, 상업디자인을 전문으로 하는 이 회사의 회의실을 중심으로 한 5층의 플로어, 그리고 가구 등의 전시 스페이스이기도 한 지하1층, 지상1층의 플로어 등에 안내되면서 천천히 걸어 다니면, 바닥 면과 관계없이 비스듬하게 들어오는 창 때문에, 밖의 광경과 내부의 관계는 어디에서라도 일률적이지 않으며, 그것도 우리의 신체 감각을 교란 하는 일이 없이, 오히려 시선이 천천히 끌려가는 것이 재미있다. 내부의 공간은 오히려 보통 오피스 빌딩보다는 훨씬 높고 매끈매끈해서 부드럽다.

그것은, 물론 이 건물이 건축주의 의향 또는 경제적인 조건 등에 의해, 최초의 1차 플랜으로부터 3회에 이르는 설계 변경을 거친 계획이라는 사실을 알 수 있다. 도면에서 보는 한, 1차 플랜은 상당히 변화무쌍한 붕괴의 모티프가 현저하고, 그 과격성이 계획이 이루어질 때마다 완화되어, 그것과 동시에 단편상의 플레이트 구조가 점차 큐브로 바뀌어져 버렸다. 다양한 현실의 요소가 건축가의 의도에 타협을 강요했다고도 말할 수 있지만, 그러나 그것은 어떤 건축에서도 존재하는 현실이며, 오히려 그러한 현실과의 제 관계가 건축의 근본적인 조건이기도 하다. 더욱이 여기서의 우리의 관심은 반드시 건축가의 의도에 있는 것이 아니라, 그의 의도에 합치하고 있는지 아닌지, 그것이 실현되어 실제로 존재하고 사용되고 있는 건물 그 자체에 있는 것이다.

어쨌든, 실현된 안(案)은 2개의 큐브를 약간씩 축을 비켜 놓도록 하고 거듭 맞춘 단순한 구조를 기본으로 하고 있다. 지진에 의한 해체라고 하는 당초의 모티프 자체가 점차 어긋나, 마침내 그것과는 완전히 별개의 큐브의 거듭 맞댐에 따른 차이의 모티프로 이행 해 버려 그것이 어쩌면 엔트런스 부분의 폐해의 집적이 극히 표면적으로 안전한 것이 된 이유일 것이다. 여기에는, 얼마든지 차이의 효과는 존재하지만, 그러나 공간의 해체는 어디에도 존재하지 않는다.

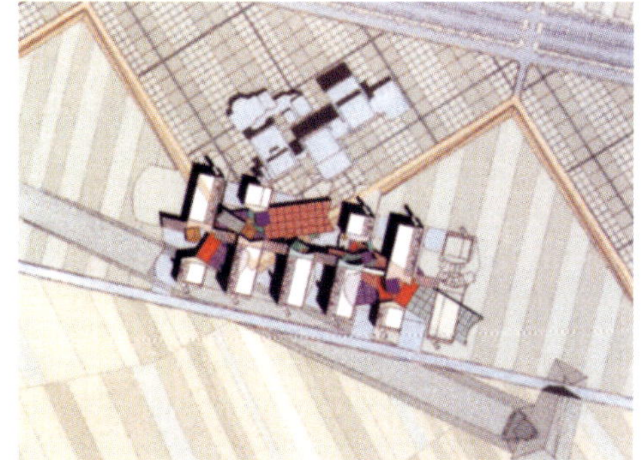

5

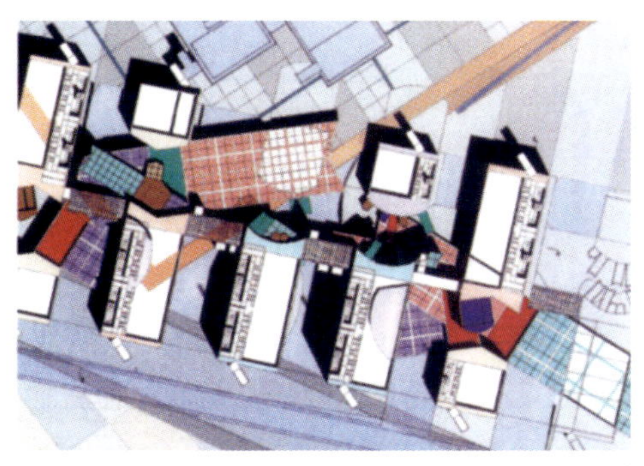

6

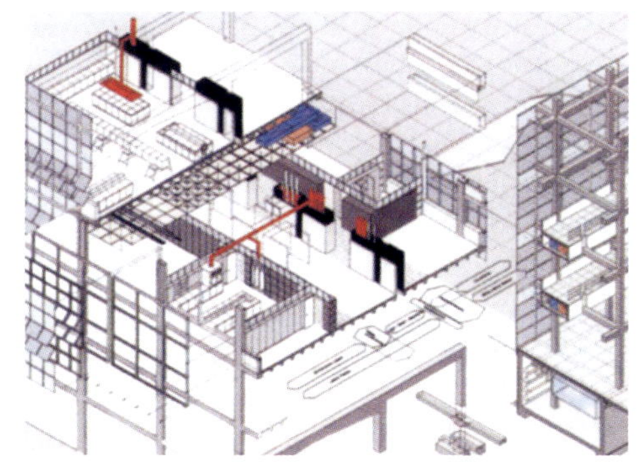

7

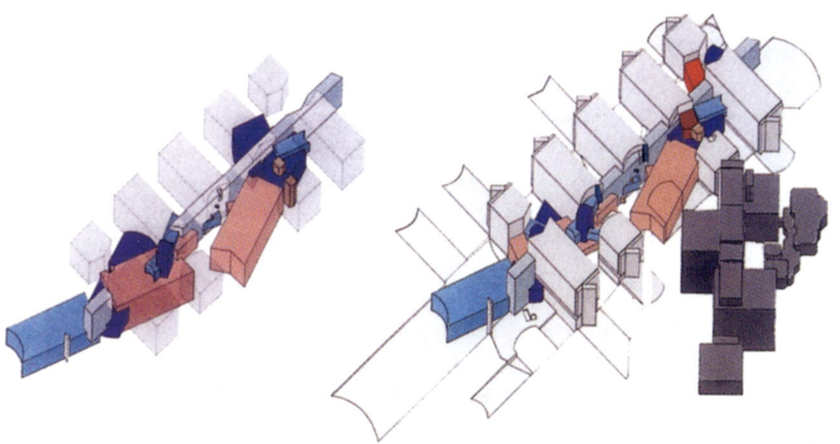

8

누노타니 동경 빌딩

하지만 이것을 나는 결코 부정적인 의미로 말하는 것은 아니다. 제1차 플랜과 같이 해체의 프로세스의 한순간을 공간적으로 정착시킨 형태의 박력은 없다고 해도, 그러나 여기에는 그것이 전제로 하고 있던 연속적인 선형적 시간의 감각과는 다른 보다 부드러운 시간의 감각, 결코 카타스트로피의 한 점으로 수렴하지 않는 듯한 요동의 시간 감각이 있다고 생각되기 때문이다.

실제로, 공간의 카타스트로피가 도래하기 위해서는 하등의 방법으로 신체 공간이 촉각 내지는 준(準)촉각적으로 위협 당하지 않으면 안 된다. 만약 차이가, 예를 들어 돌출된 첨단 요소와 같이 신체에 수직 방향으로 작용하는 것이 아니라, 어디까지나 시각적으로, 더욱이 어떤 평면상의 차이로서 지각될 때, 그것은 경우에 따라서는 마치 리드미컬한 음악적인 요동으로서 기능하기도 한다. 예를 들어 점토 회화가 그렇듯이, 몇 개의 단순한 구형의 그리드가 어떤 색조 아래에서 표시되는 것만으로, 거기에 어떤 종류의 음악이 나타나는 것이다. 그렇게, 적어도 〈누노타니 빌딩〉에서 보는 한, 나에게 있어서는 아이젠만의 비밀은 무엇보다도 그가 철저히 "면"의 건축가라는 사실이다.

이것은, 정말 기묘한 전개방식을 보이고 있다. 공간의 해체적인 사건과 만날 생각으로, 뜻하지 않게, 건축에 있어서의 면(面)에 맞닥트려서 생각하게 되어 버렸다. 면이라고 해도 단지 드로잉이라는 것은 아니다. 그런 것이 아니라, 3차원 건축이 시선에 대해서는 항상 2차원적인-혹은 보다 엄밀하게 말한다면, 프랙탈 이론적으로 2차원적인-형태로서 나타나는 것이 문제인 것이다. 혹은, 반대로, 2차원의 형태로부터 발상해 3차원의 공간이 구상될 수 있는 것이 문제인 것이다. 그것은 건축의 기술 가능성의 문제 혹은 설계 가능성의 문제에 직접 관계되고 있다. 면과 공간 사이에 어떤 종류의 상호 환원 가능성이 확립되어 있지 않으면 설계는 불가능하게 된다.

그러나 동시에, 일반적으로는 면의 집적을 어디선가 초월해 공간의 독자적인 차원-나는 그것을 "공간의 공포"라는 말로 생각하고 있다-이 나타나오지 않으면, 진정한 의미에서의 건축은 이루어지지 않는다. 그런데, 언뜻 보면 확실히 공간의

9

11

10

12

13

14

"공포"가 설치되어 있는 것처럼 보이는 아이젠만의 건축 공간을 횡단하고 있으면, 어느 순간에 우리의 신체가 맛보는 것은 정묘한 추상화를 보고 있을 때와 유사한 면적인 형태 관계의 리드믹 한 재미있음인 것이다. 즉, 이 건축은 극히 복잡한 면의 집적으로부터 이루어져 있으며, 더욱이 거기에서 멈추고 있다. 좀 더 정확하게 말한다면, 공간적으로는 2개의 큰 큐브의 차이에 의해 설치된 내부의 L자형의 보이드 부분—아이젠만에게 있어서는 그의 서명이 되겠지만—을 중심으로, 즉 반드시 어떤 시각에서는 안 보이는 공허한 차이를 중심으로 그 이외의 부분은 이번에는 면적으로 서로 어긋나 있는 그리드의 집적으로서 구상되어 있는 것 같다. 그러나, 그 중심의 보이드 부분은 공간으로부터 발상되어 나타난 것이 아니라, 어디까지나 평면상의 조작의 결과로서 출현한 것이다. 극히 복잡하고, 극히 정교한 얼굴의 제 조작의 효과로서 건축이 나타난다. 혹은 반대로, 건축 공간이 그곳에서는 무수한 면으로 이론적으로 해체되고 있다. 외벽에 12가지의 색채, 내부에 10가지의 회색이 사용된 것도 그것과는 무관하지 않을 것이다. 이 건축물 어디를 봐도 우리는 품위 있는 색채와 그리드상의 직선군의 콤포지션을 보게 되는 것이다.

일찍이 어디선가 아이젠만은 프랭크 스텔라나 제스퍼 존스, 솔 르위트와 같은 현대 미술가들로부터 큰 영향을 받은 사실을 말하고 있었는데, 회화나 영화라고 하는 면의 질서에 독특한 감수성을 갖추고 있는 것은 확실할 것이다. 그가 "텍스트의 건축"이라고 하는 것을 말하고 거기서부터 출발해 데리다의 탈 구축 철학에 접근해 나가는 것도, 반드시 그러한 면적인 조작성에의 지향과 깊이 관계되고 있는 것은 아닐까.

거기에는 면의 힘이 존재한다. 우리는 종종 면을 경시하기 쉽고, 특히 현대는 면보다 공간을 중시하는 방향으로 문화 전체가 움직이고 있지만, 그러나 언어나 이미지 모두의 경우 인간의 정신의 가장 근원적인 힘은 어디까지나 면 안에 존재한다. 면 위의 다양한 조작을 통해, 우리는 자연 속에 스스로가 사는 경계를 만들어내고 있다. 그에 대한 공간이란, 본래 우리가 보통 생각하는 것보다는 훨씬 무섭고, 사나우며, 비인간적인 것이다. 기묘한 말투이지만, 우리에게 시간이 주어져 있고 그것에 의해 다른 것과의 사이에 서로 공명하는 요동이 가능하게 됨으로서, 우리는 처음 공간에 있게 되는 것이다. 공간은 3차원이며, 거기에 시간이 더해지면 4차원이 된다고 하는 이해는 아마도 잘못된 것이다. 비록 시간이 또 하나의 차원이라고 해도, 그것은 말하자면 마이너스의 차원, 공간적인 차원성을 마이너스적으로 동요시키는 차원인 것이다. 그러므로, 예를 들어 3차원의 공간 안에 리듬을 지닌 면적인 구조가 출현하면, 그 만큼 공간이 흔들리기 시작해 거기에 시간이 태

15

16

누노타니 동경 빌딩

어나는 것이다. 그것은 물론 과거로부터 미래를 향해 한 방향으로 진행되는 선형의 시간은 아니다. 그런 것이 아니라, 조직된 요동으로서의 시간인 것이다. 마치 음악과 같은 시간인 것이다.

아마도, 우리는 1차원화 된 선적인 시간과 공간의 각각의 차원 안에 끼워 넣어져 있는 것 같은 요동의 시간을 대비적으로 구별할 수도 있다. 음악은 선적인 시간에 요동을 부여하며 돌려준다. 그와 동일하게, 이 건축도 공간에 어떤 종류의 요동을 되돌려주며, 그렇게 함으로서 시간을 부여하고 돌려주고 있다고 해도 좋을지 모른다. 그것을 아이젠만 자신은, 들뢰즈의 철학을 빌려 "내재성" 또는 "평활 공간"이라는 말로 말하고 있다. 이 평활 공간이라는 개념은 구획 공간과 상보적으로 서로 대립하는 것이지만, 『천개의 고원』의 제일 마지막 장에서 몇 개의 영역을 횡단하면서 조직적으로 설명되고 있다. 그 안에서, 음악의 항목을 인용하면 다음과 같다.

> *"구획화 된 것이란, 고정된 것과 변화하는 것을 교차시키는 것, 명확한 형태를 질서 지우고 지속시키는 것, 수평인 선율 라인과 수직인 화성 플랜을 조직하는 것이다. 평활한 것이란, 연속 변화, 형태의 연속적 전개, 리듬의 독자적인 가치를 꺼내기 위한 화성과 선율의 융합, 수직선과 수평선을 횡단하는 사선의 순수한 궤적이다."*

이 연장에서 〈누노타니 빌딩〉을 이해하려고 한다면, 이 건축의 생성 축은 엄밀한 구획 공간을 기본으로 하며 그것을 복잡하게 비켜 놓는 것으로, 말하자면 수직선과 수평선 그 자체가 그대로 사선의 궤적이 되도록 하면서 전체를 평활 공간화 하려고 하는 움직임에 있다고 해도 좋을 것이다. 큐브와 그리드라고 하는 가장 구획적인 요소를 이용하여, 그것을 연속적이고 리듬적으로 전개하고 그 전개의 복잡한 시간을 끼워 넣도록 하는 것. 평활 공간이란 우리의 관용어에 따르면, 무한하게 복잡한 시간을 끼워 넣고 있는 공간이다. 각각의 장소가 방향 지을 수 있었던 가능성에 대해서 열리고 있는 공간이다. 그에 대해, 구획 공간이란 시간이 일원적으로 규정된 공간, 즉 시간 없는 공간이다. 그것은 기하학적인, 이상적인 형태이기도 할 수 있음과 동시에, 들뢰즈의 사고의 문맥에서 말하면, 어디까지나 국가 장치에 의한 권력의 공간이다. 그리고, 아마 그것을 잊어서는 안 되는 것이다.

그리고, 그것이 〈누노타니 빌딩〉에 대한 나의 두 가지의 의미적 태도의 요약이 될 것이다. 즉, 여기에는 들뢰즈와 가타리에 대해 그토록 명백했던 "전쟁"이 없다. 구획 공간과 평활 공간은 너무나 훌륭하게 융화되어 버렸음으로, 결국, 거기에는 "투쟁"은 하물며 "전쟁"도 없는 것이다. 혹은, 그 융화는 어디까지나 면 위에서 일어나고 있다. 모든 것은 면 위에 있다. 모든 것은 결국은 디자인의 한 방법인 것이다. 그럼에도 불구하고, 몇 번이나 반복되었듯이, 한 면 위에 있어야만 가능한 정교한 리듬 구성이 면 위에 있음으로서, 그것이 우리에게 은밀하게 시간이 요동하기 시작하는 듯한 풍부한 음악적 감각을 돌려주는 것이다.

17

18

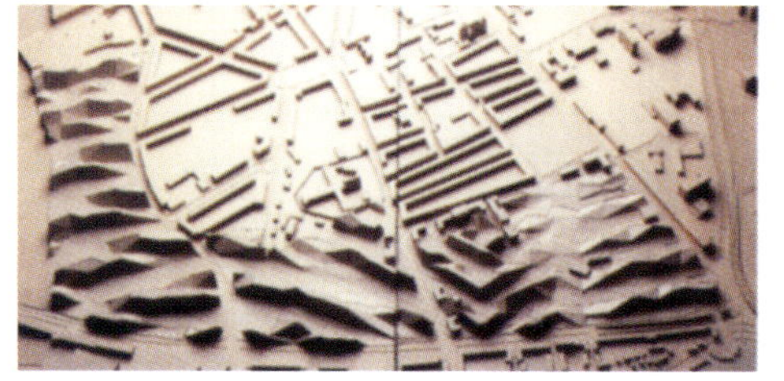

19

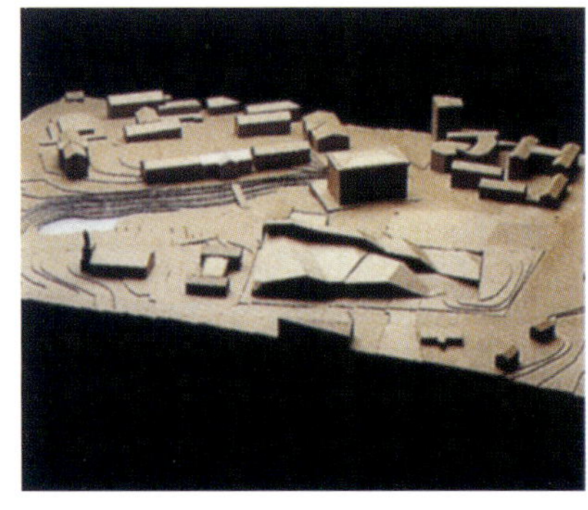

20

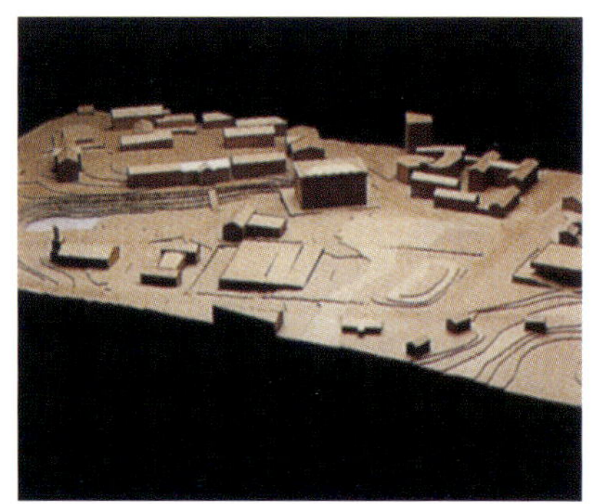

21

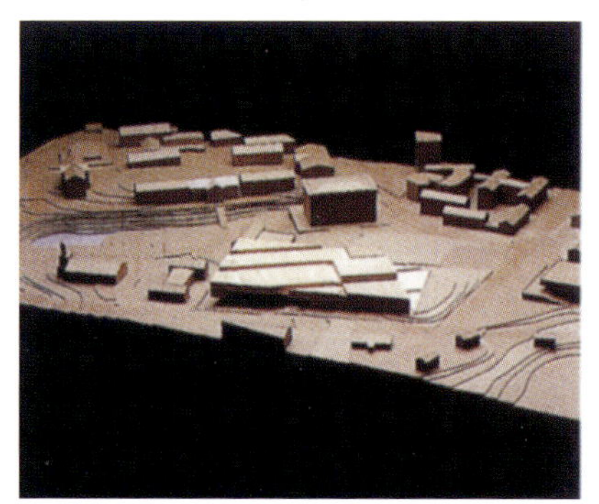

22

"좋아하는 건축입니까?"라고 물을 수 있다고 하면, 주저없이 "좋아합니다"라고 나는 대답할 것이다. 그러나, 그것은 멀리서 들려 오는 음악의 그 점이 좋다고 말하는 것 같은 의미에 대해서이다. 그런 조합이 있을지 어떨지는 모르지만, 첼로와 목관의 음악이 딱 맞지 않을지, 멍하니 생각하고 있었다. 음악 그것은 건축에 있어서는 찬사이다. 그러나, 건축에 대한 나의 욕망은 아무래도 그러한 정교한 콤포지션 조차 깨어지고, 조금은 공간의 근원적인 무서움에 접하는 것에 있을 것이다.

연주회가 끝난 다음과 같이 마음은 채워지고 있었다. 마지막으로 되돌아보면, 황혼이 잔뜩 찌푸린 하늘 아래에서, 그 분홍색의 큐브는 고귀하게 그러나 혼자 쓸쓸한 듯이 꼼짝달싹 못하게 서 있어 견딜 수가 없었다.

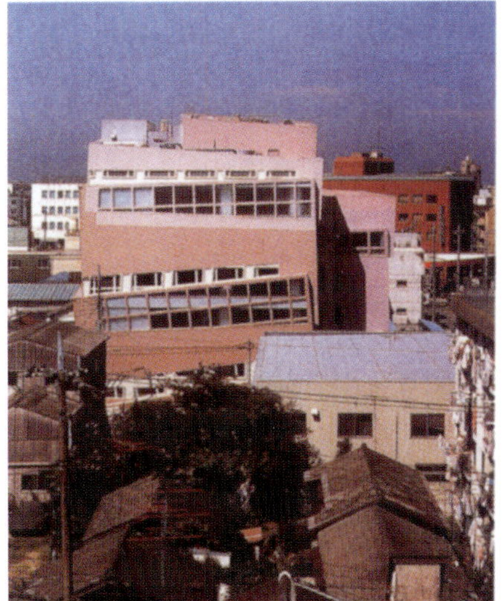

23

25

24

26

N.C. Building

에도가와구 츄오(江戸川區中央) 1-21-12, Tokyo, Japan, Peter Eisenmann

| 디자인 컨셉 |

일본의 대지와 지표 활동은 끊임없이 움직이는 지진활동을 만들어내고 있다. 아이젠만의 언급대로 이 건물은 그러한 지진 활동의 파동과 역동성을 시각적으로 표현해 내고 있는 건축물이다. 이러한 시각적 역동성의 유추와 동시에 이 프로젝트는 수직으로만 되어있는 오피스 빌딩의 관습적 편견을 다시 생각케 하고 있다. 이러한 종류의 건축 디자인은 아이젠만 특유의 해체적이면서도 동시에 "탈-인본주의적"인 건축의 시도를 가능케 하고 있다. 그가 언급하는 탈-인본주의는 일명, "탈-기능주의"라고도 불리는데, 이는 기능적 건축전통의 교의를 구조적, 용도별, 형태적 차원에서 다시 생각하고 붕괴시키는 방식으로 발전한다. 현대는 일명 탈-인본주의적이자 탈-기능주의 시대라고 그는 주장하면서, 이러한 생각을 시각적으로 재현(representation)하는 것이 최대의 목표라고 생각한다.

구조가 지니는 전통적 기능 그리고 역할은 건물을 안쪽에서 제대로 지지하면서 시각적으로 안정성을 "표현"하는 것이다. 구조의 역할은 내부뿐만 아니라 외부적으로도 표현되어 왔던 것이다. 그런데, 이러한 구조적 기능이 의심받고 은유적으로 변화한다면 어떠할까. 현대의 사상체계는 고전적 사고방식으로부터 벗어나 관습적으로 여겨오던 "교의"를 의심하고 회의하는 것이다. 그런데, 건축은 이러한 과정을 시각적으로 표현해내는 조형 예술이므로 이를 디자인 과정의 창조적 프로세스로 받아들이면 그 결과는 다양하게 표현될 것이다. 아이젠만의 디자인 프로세스는 바로 이러한 방식으로 결과하고 있으며, 마치 무너지듯 건물이 표현되는 결과를 낳은 것이다.

건물의 전체적인 프로그램은 누노타니 회사의 업무시설 용도로 사용되는 것이었다. 건물은 지하 1층 지상 5층으로 구성되며, 각층 모두 오피스로 사용된다. 외부에서 보았을 때, 층이 시각적으로 겹쳐져 있어, 명확한 층의 구별은 힘들지만, 내부의 기능과 볼륨들은 안으로 들어오면 비교적 명확하다. 건물 볼륨은 마치 앞으로 기울어져 있듯이 계획되었으며, 평면적으로 두 개의 매스가 결합되어 있다. 이 결합부분에는 'ㄴ'자형의 보이드 부분이 설치되어 있으며, 내부에서 시각적으로 다양한 전경을 제공한다.

외부에서의 건물로의 접근은 비교적 단순한 경로를 통해 이루어진다. 내부를 들어오면, 입구부분에서 형성된 일련의 코어 부분이 한쪽으로 집중되어 사무실의 공간 효율성을 높여주며 동시에 오피스로의 기능적인 접근을 가능케 하고 있다.

건물의 구조체계는 상당히 복잡하다. 시각적으로 요동치는 지진파 또는 대지에서 삐딱하게 들어올려진 건물 매스로 인해 내부의 구조시스템은 단면에서 볼 수 있는 바와 같이, 앞쪽으로 기울어진 채 구성되어 있으며, 내부에서 볼 수 있는 기둥의 관습적 역할 및 시각적 안정성은 여지없이 붕괴되어 있다. 구조적인 것은 어쨌든 건물에 안정성을 부여하는 역할을 하고 있겠지만, 시각적으로 그것은 상당히 불안한 느낌을 부여한다. 내부의 기둥—보 시스템은 주요 구조가 철골조로 인해 상당히 자유롭게 처리되어 있으며, 아이젠만이 의도한 대로 디자인이 이루어질 수 있었다.

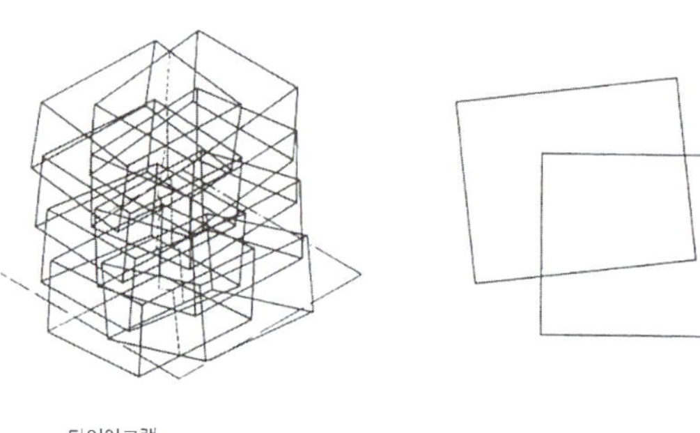
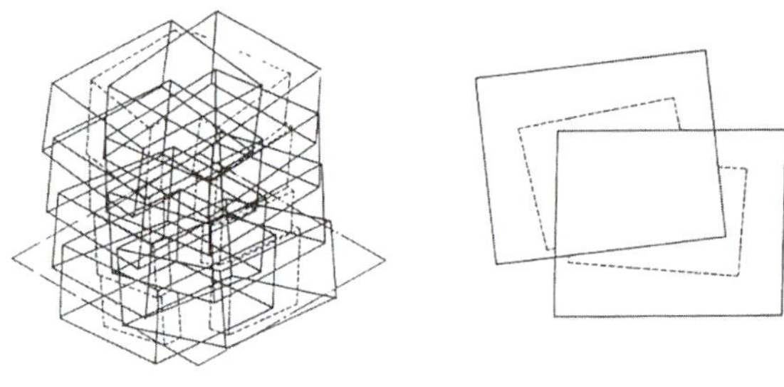

다이아그램

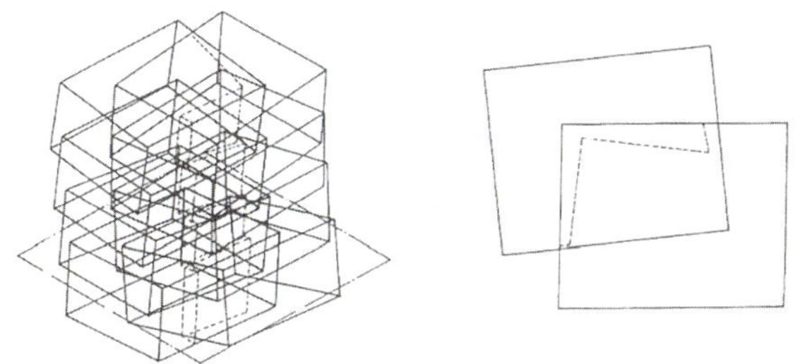

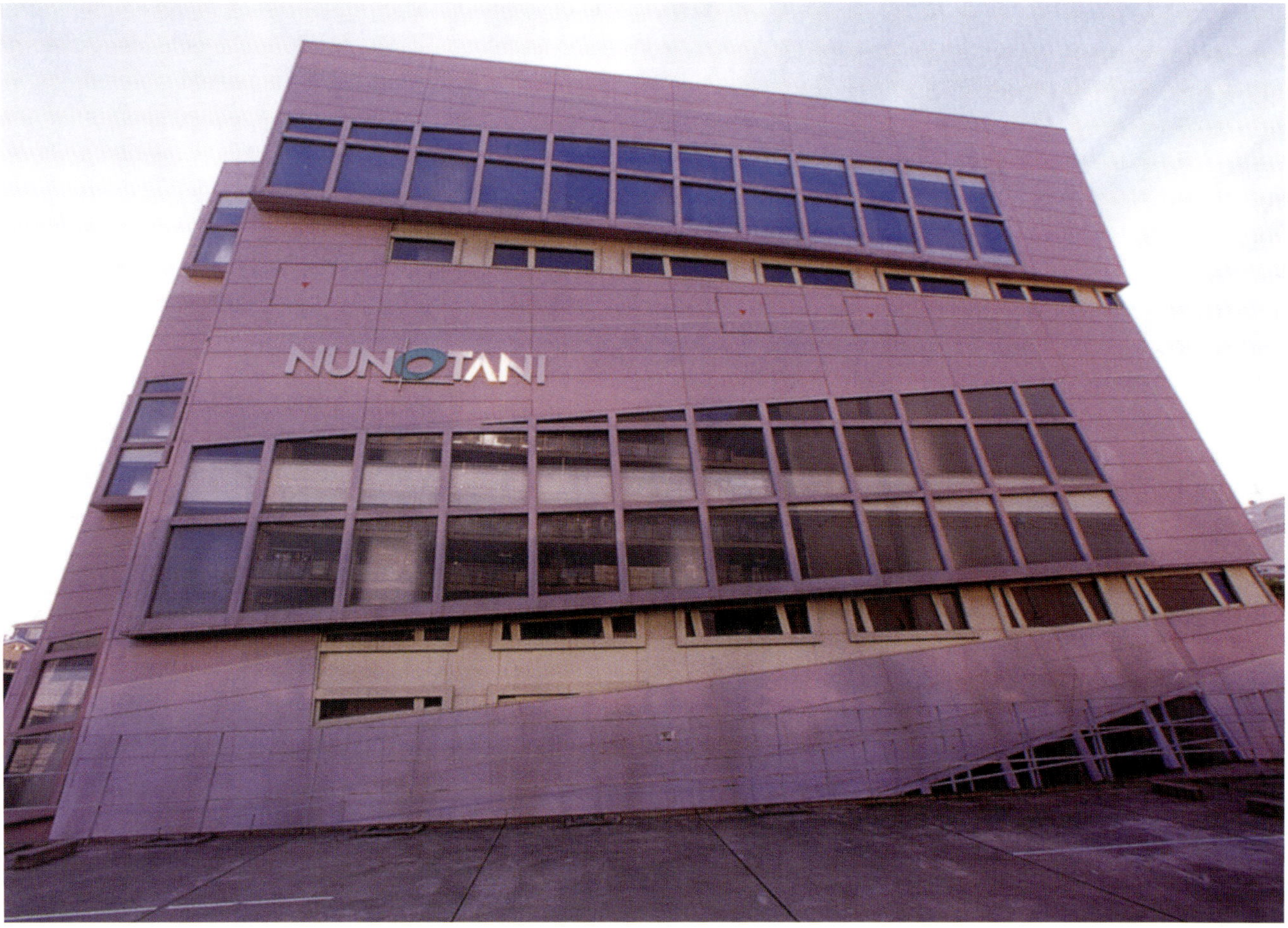
NUNOTANI

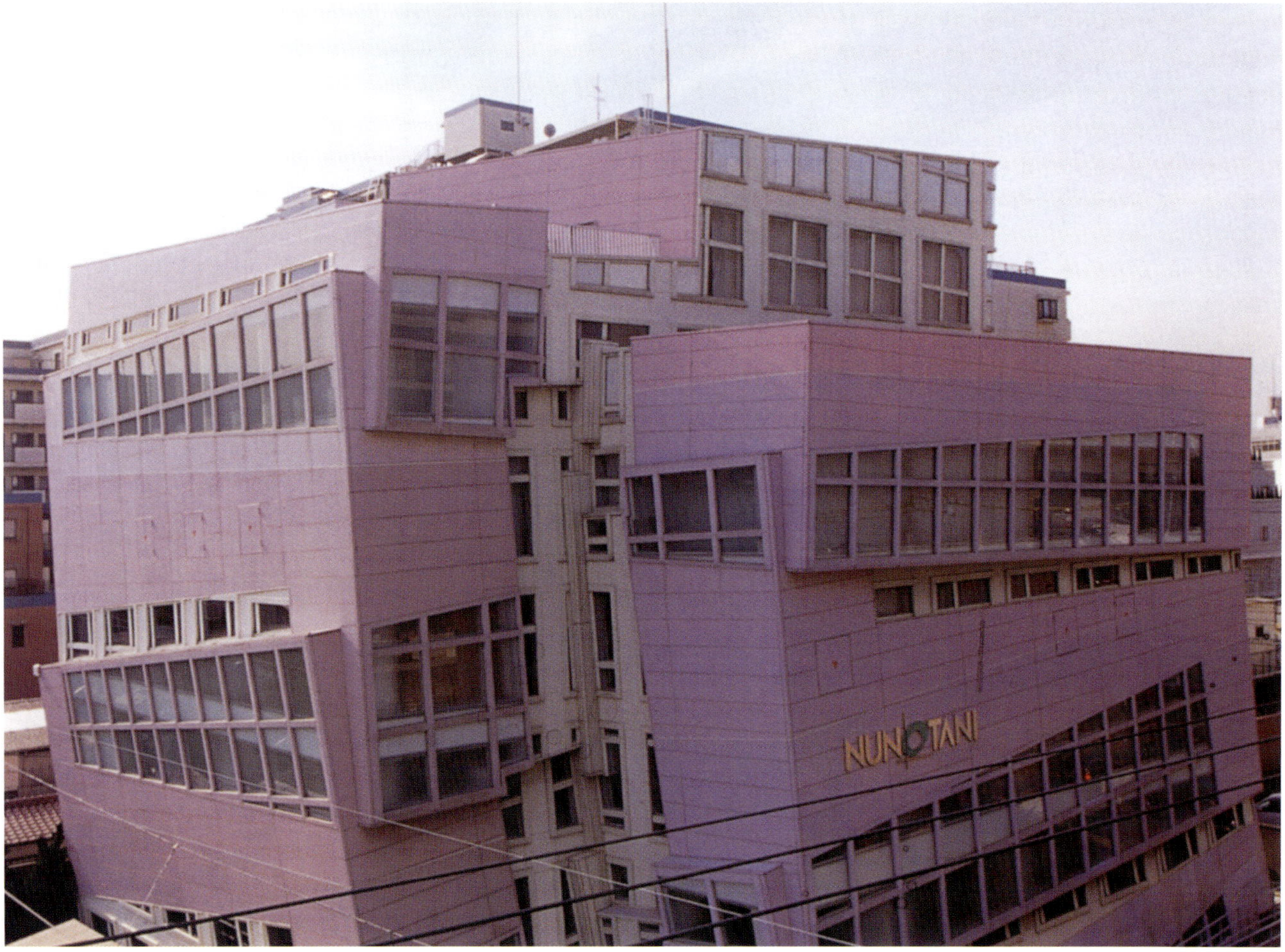
NUNOTANI

NUNOTANI

지붕층 평면도   2층 평면도   1층 평면도

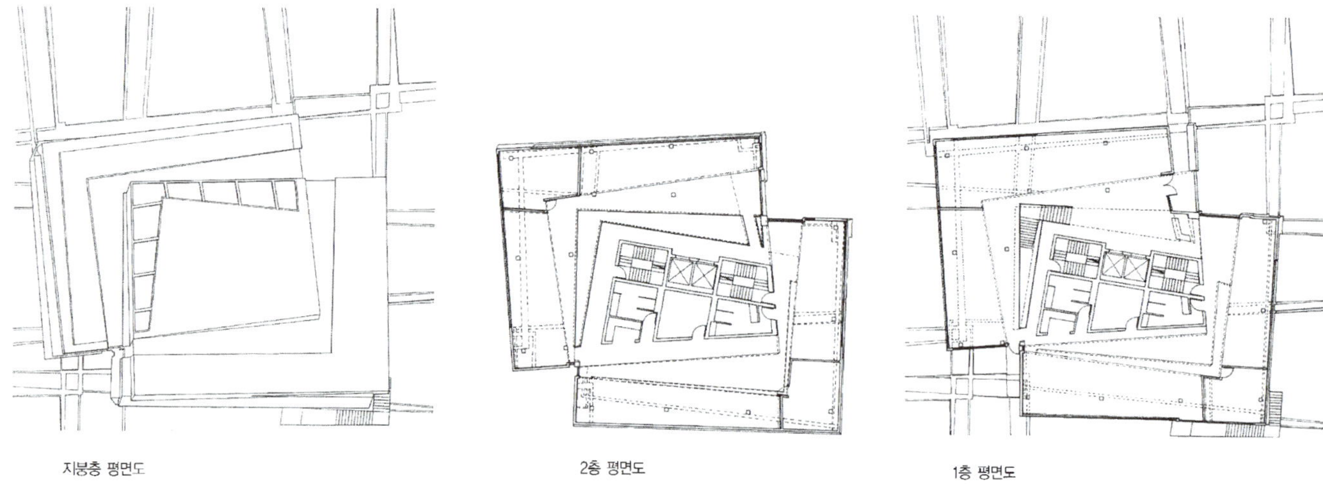

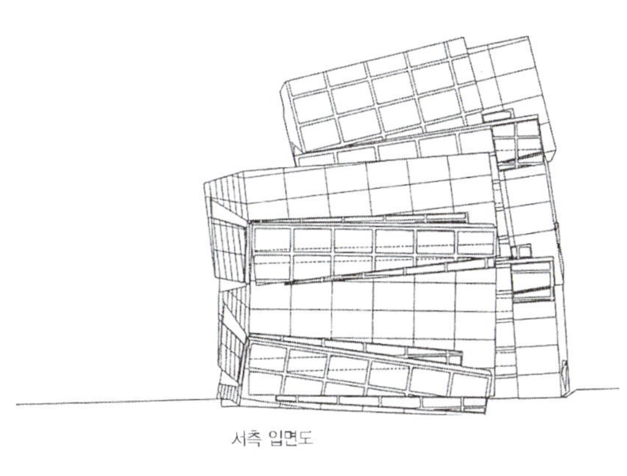

서측 입면도

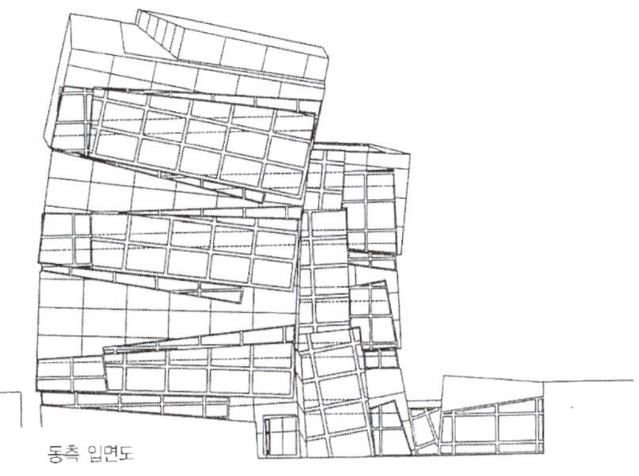

동측 입면도

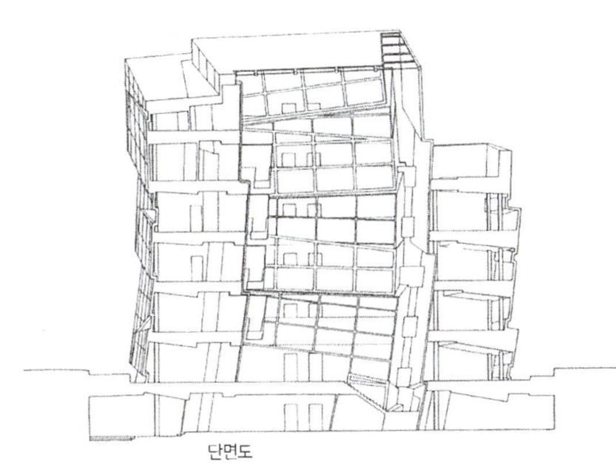

단면도

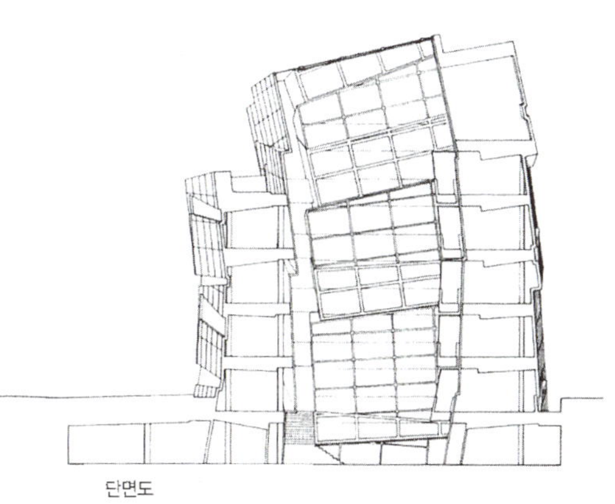

단면도

TAK 빌딩
TAK Building

David Chapperfield의 건축사고과정

David Chappenfield

일본 버블 시대의 건축 대부분은 대체로 외관상 화려한 형태를 취하고 있으나, 영국의 신진 건축가 데비드 취퍼필드(David Chapperfield)의 경우는 상업주의가 추구하는 것과는 다소 거리감을 갖고 있어 그의 그 존재는 매우 인상적이다. 1990년에 완성한 〈고토 미술관〉은 그 단적인 예이다. 그의 일본에서의 건축적 처녀작이 된 이 작품은, 치바현의 新松戸驛 근교에 세워진 프라이비트 미술관이다. 주택지에 조용히 서 있는 이 건물은 지하 1, 2층에는 미술관이, 지상 1, 2층은 집합주택으로 되어 있다. 외관은 매우 일반적인 집합주택 모습을 하고 있어 결코 화려함을 표현한 것은 아니다. 오히려 노출 콘크리트의 외벽은 묵묵히 침묵하고 있는 과묵한 표정이다. 이 건물의 외관상의 특징은 엔트런스 게이트에 취퍼필드 특유의 프레이밍(framing) 수법을 찾아볼 수 있는 것이 눈에 띄는 부분이다.

노출콘크리트의 심플한 프레임이 도로와 부지의 경계에 세워져 있는 것이다. 이곳에는 대문도 없다. 안과 밖을 나누는 결계(結界)의 역할을 하고 있는 것이다. 취퍼필드가 자주 이용하는 이 수법은 요코하마의 〈호텔 프로젝트〉를 비롯하여 영국의 〈나이트 주택(Knight House)〉, 교토의 〈TAK 빌딩〉, 오카야마의 〈마쯔모토 회사 본사 빌딩〉에도 이용되고 있다. 특히 〈나이트 주택〉에서는 부지의 배후에 있는 잡목림을 노출콘크리트의 대들보가 프레이밍 하는 모습은 마치 한 폭의 그림과 같다. 더욱이 이 대들보에 의해 둘러싸인 중정은 부지 밖의 외부에 대해서 반(半) 외부적인 중간 영역과 같은 의미를 갖고 있다. 이것은 전통적인 일본 가옥의 녹지 공간과 같은 성격을 가진 공간이다. 내, 외부 공간의 관계에 있어서 애매한 이 공간은 취퍼필드가 일본 문화의 전통에 깊은 영향을 받고 있다는 증거이다.

예를 들어, 그의 작품에서 자주 볼 수 있는 플로어링(flooring)과 스텐레스 스틸(stainless steel)과 같은 소재의 시각적인 대비도 일본 문화의 전통적인 미적 감성 중 하나이다. 그 외에도, 플로어 레벨의 조닝에 의한 공간의 연속성, 공간과 빛의 조작, 스케일과 전망의 교묘한 사용, 비대칭성과 균형을 이루는 대칭성 등도 본질적인 일본의 전통에서 유래한다. 차경(借景)도 그 하나이다. 앞의 〈나이트 주택〉이나 〈TAK 빌딩〉의 중정은 뜰이나 먼 첩첩 산을 차경으로서 받아들여 확대하고 있다. 즉, 주위의 풍경은 그 건축의 중정 일부에 귀속하게 된다. 중정이나 자연은 눈이나 마음을 통해 방문하는 거주지의 일부가 된다. 또한, 명상적인 마음 상태를 높일 뿐만 아니라, 공간의 지각 영역을 확대해 선큰 코트 야드에 많은 양의 빛을 도입하기 위해서 반사 풀이나 연못이 자주 채용된다.

1

2

3

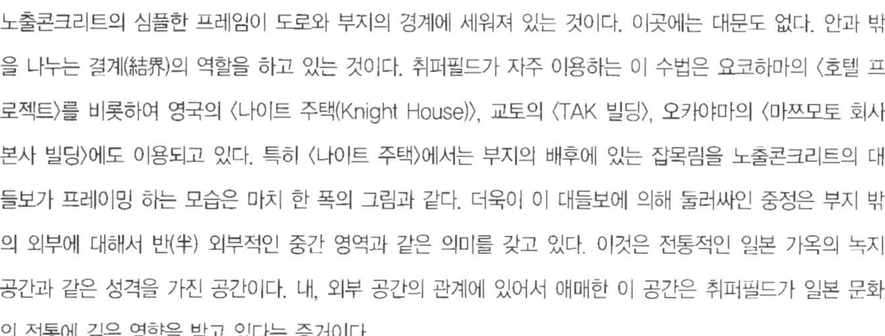

이렇게 보면, 취퍼필드의 디자인적 특징이 자연을 통해 부각된다. 우선, 첫 번째로 풍경을 빼앗는 프레이밍 기법. 두 번째로 인테리어 공간을 확대해 외부 공간과의 접점을 용해시킬 수 있는 중간 영역의 채용. 〈고토 미술관〉의 선큰 코트나 〈TAK 빌딩〉의 연못에 면한 녹지 공간, 〈마쯔모토 회사 본사 빌딩〉의 바닥으로 둘러싸인 외부 공간이나 〈나이트 주택〉의 중정 등이 거기에 해당한다.

세 번째는 두 번째와도 관계되는 공간의 연속성이며, 그리고 네 번째는 선택된 소재의 교묘한 처리나 적재적소의 재료의 배치이다. 이 재료에 관한 취퍼필드의 센스는 매우 뛰어나다. 그의 작품으로 일본에 처음 소개된 런던의 〈그래픽 스튜디오〉에서는 나무, 스틸, 투명 유리, 불투명 유리, 대리석, 벽돌 등의 색조와 텍스추어의 절묘한 조화가 각각의 장소에서 훌륭한 효과를 부여하고 있다. 그것은 그의 처녀작인 런던의 〈클리브랜드 광장의 아파트〉, 〈잇세이 미야케 숍〉, 〈켄조우 숍〉, 브리스톨의 〈아르놀피니 아트 센터〉, 런던의 〈윌슨&고흐 갤러리〉, 〈캠 덴 타운의 스튜디오〉 등의 초기 작품을 통해 일관되게 나타나고 있다.

취퍼필드의 건축은 빛의 취급이나 콘크리트의 처리에 있어 안도 타다오의 영향이 있음을 알 수 있다. 그러나 토탈 공간 디자인의 관점에서 보면, 안도의 엄격한 미니멀적인 억제의 미학까지는 도달하지 않았다. 오히려 보다 많은 소재를 사용하고 그 중에 균형 잡힌 색채 텍스추어 디자인적 조화가 있는 것은 아닌가 생각된다. 또한 〈겐조우 숍〉과 같이, 순백(純白) 공간에 자립하는 자연 소재로서 대리석의 벽면이나 빛의 장난이 알바로 시자의 〈아뷰리노 두 아르테 주택〉의 흰 공간의 시학(詩學)을 닮은 것을 보고 비평가이자 건축사가인 케네스 프램프톤은 취퍼필가의 시자로부터 강한 영향을 받고 있다고 보고 있는 것이다. 이와 동일하게, 스틸이나 대리석의 처리나 디테일에 있어, 카를로 스카르파와의 공통점을 찾을 수 있는 것이다.

취퍼필드의 작품에는 많은 근대 건축의 거장들의 영향을 엿볼 수 있다. 특히 꼬르뷔제적인 조형 미학이 여기저기에서 발견되는 것을 비롯하여, 〈바르셀로나 파빌리온〉에서

4

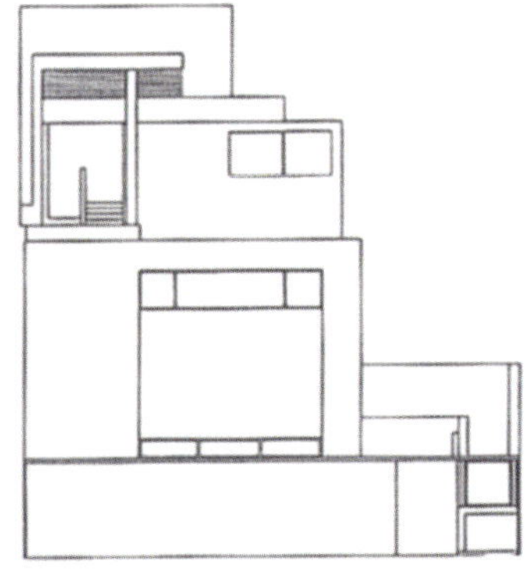

5

6

7

8

TAK 빌딩

9

11

10

12

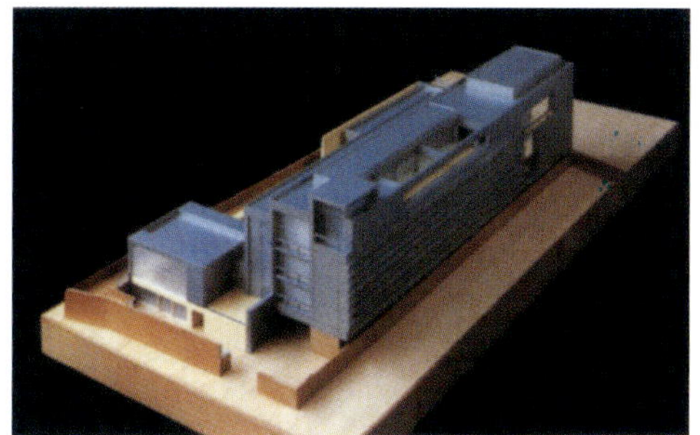

13

보이는 미스류의 대리석 스크린이나 접합부의 디테일, 아돌프 로스적인 공간의 변화나 이색적인 동선, 〈폴메론 센터〉에 있어서의 칸의 탑 라이트 등, 취퍼필드의 참조 대상은 폭넓다.

취퍼필드는 AA스쿨을 졸업한 후, 리처드 로저스와 노만 포스터라는 현대 영국 건축계의 쌍벽을 이루는 두 사람의 건축가들 밑에서 수업을 받은 경력을 갖고 있다. 양자는 모두 "하이테크 크래프트맨쉽"으로 불리는 디자인 수법을 가진 건축가이지만, 취퍼필드의 작풍(作風)은 그들과는 다소 거리가 있다. 다음은 취퍼필드와의 간단한 대담이다.

14

"리처드 로저스나 노만 포스터라는 현대 세계 건축가 중에서도 가장 하이테크적인 스타일을 지닌 두 사람 밑에서 수업을 받았는데도 불구하고 당신 작품이 그들 건축가의 작품과 비슷하지 않은 것은 어떠한 이유일까요?"

D.C : "리처드 로저스와 노만 포스터의 작품은 기본적으로는 기술과 구조에 의지한 하이테크 스타일이라고 생각됩니다. 그러나 나에게 있어서, 그들의 작품에는 그러한 하이테크적인 형태보다 좀 더 중요한 차원이 있는 것으로 보입니다. 양자는 프로그램의 분석으로부터 시작하여, 건물이 구축되는 수법이나 프로세스에 관심이 있습니다만, 나의 작품은 그들 작품의 형태가 아니라, 그 수법이나 어프로치를 답습하고 있습니다. 나는 구조나 기술이 자신 작품의 중심으로 자리 매김할 때에도 이러한 국면이 가장 중요하다고 믿고 있습니다. 나의 스승들과 동일하게, 건축적 해(解)란, 구조와 서비스 스킨(외피) 간의 상관관계를 푸는 것이라고 믿고 있습니다."

15

취퍼필드는 노만 포스터 건축사무소에서 책임 건축가로서도 활약했기 때문에, 현재에도 옛 터전과의 관계는 매우 좋다고 할 수 있다. 또한, 리처드 로저스와는 슈나의 〈뮤직 홀〉 현상설계공모에서 같이 일했고, 프랭크 게리와는 〈킹스 크로스의 마스터 플랜〉 프로젝트에서 협동하기도 했다. 알바로 시자와는 특히 친밀하고, 일본을 방문하여 칸사이에 갈 때면 반드시 안도 타다오를 만난다고 한다. 그만큼 동시대의 세계적인 선배 건축가들에게 사랑 받는 것은 그 자신의 온후한 인품과 더불어 표현을 억제한 건축이 가지는 본질적인 고요함이 스며 나오는 그의 작품이 사랑 받고 있기 때문이 아닌가 싶다.

그의 미적 감성은 특히 일본 문화에 애착이 깊어, 일본 전통 건축에 숨겨져 있는 빛의 음영에 큰 영향을 받고 있다. 지금은 다니자키 준이치로의 『음예 예찬』은 그에게 있어서는 바이블적인 존재이다. 일본에서 활약한 그 역시, 프로젝트 안에는 런던의 테임즈 강 연안의 〈하천 보트 레이스 박물관〉이외에, 베를린에 진출하여 2개의 프로젝트를 시작하였다. 〈노이에스 뮤지엄〉과 〈개인 주택〉이 그것이다. 〈고토 미술관〉을 방문하게 되면, 살롱에 취퍼필드가 디자인한 목제의 큰 테이블과 의자를 볼 수 있고, 거기에서 보이는 선큰 가든의 콘크리트 벽면은 시간의 흐름을 이야기하고 있다.

16

TAK Building

샤쿄구 이찌죠지 츠쿠타죠(左京區 一乘寺築田町) 3, Kyoto, Japan, David Chapperfiel

| 디자인 컨셉 |

영국의 신진 건축가인 데이비드 취퍼필드는 영국 본토의 건축가들과는 다소 다른 건축적 배경을 지니고 있다. 영국 AA 스쿨을 졸업한 후 리처드 로저스 사무실에서 근무한 경험이 있는 그는 로저스의 기계적이고 첨단적인 이미지와는 상당히 다른 건축적 전개를 보이고 있는 것이다. 그에게 있어서 일본의 영향은 실로 크다고 할 수 있는데, 일본의 다양한 디자인 원천이 영향을 주었다고 한다. 그의 작품에서 나타나는 공간적 특징은 전통적인 일본 가옥의 녹지 공간과 같은 성격을 가진 공간으로서, 이는 내, 외부 공간의 관계에 있어서 애매한 상태인데 이는 취퍼필드가 일본 문화의 전통에 깊은 영향을 받고 있다는 증거이다.

취퍼필드의 디자인적 특징은 자연을 통해 부각된다. 우선, 첫 번째로 그는 풍경을 빼앗는 프레이밍 기법, 즉 차경(借景) 기법을 작품에 사용한다. 두 번째로 그는 인테리어 공간을 확대해 외부 공간과의 접점

타다오의 영향이 강함을 알 수 있다. 그러나 전체적인 공간 디자인의 관점에서는 안도의 엄격한 미니멀적인 디자인에는 미치지 않는다. 오히려 그는 안도보다는 보다 많은 소재, 예를 들어 목재와 철재 그리고 조적조와 같은 재료를 사용하며, 그 재료들의 색채와 텍스춰를 조화 있게 배치하는 것에 열중하고 있다.

그리고 취퍼필드의 작품에는 많은 근대 건축의 거장들의 영향, 즉 꼬로뷔제(조형)와 미스(재료), 아돌프 로스(공간), 루이스 칸(빛 처리) 등이 주요 참조 대상이 되고 있다.

을 용해시킬 수 있는 중간 영역을 채용한다. 이것은 일본에서의 영향이 크다고 할 수 있다. 세 번째는 두 번째와도 관계되는 것으로 공간의 연속성이 그것이다. 이는 일본의 안도 타다오의 작품에서 잘 나타나는데, 그가 언급했듯이 안도로부터의 영향은 절대적인 것으로 볼 수 있다. 그리고 네 번째는 선택된 소재의 교묘한 처리나 적재적소의 재료의 배치가 그것이다.

또한 취퍼필드의 건축은 빛의 취급이나 콘크리트의 처리에 있어 안도

| 프로그램 |

이 건물은 오피스 용도로 사용되며 동시에 상업 건물로도 복합적으로 사용되고 있다. 교토라는 일본의 세 번째로 큰 도시에 위치한 이 건물은 일견 꼬르뷔제의 조형성을 보이면서도 안도와 같은 일본 건축가의 작품 경향이 강하게 배어있는 공간과 재료 사용이 돋보인다. 건물은 전체 3층으로 구성되며, 주요 재료는 철근 콘크리트이고 바닥이나 벽체에 목재의 플로링 그리고 외부 마감이 이루어져 있다. 핸드 레일이나 일부 보강 부분에는 철재의 스틸재료가 사용되기도 하는 등 다양한 재료감각이 돋보인다.

| 동선순환체계 |

외부에서 건물로의 접근은 비교적 단순한 반면, 건물내부에서의 동선처리는 복잡하고 재미있게 처리되어 있다. 반 층 정도의 스킵 플로어 방식과 많은 수의 데크 처리 방식 그리고 많은 계단의 개소는 다양한 동선을 요구한다.

| 구조 시스템 |

주요 건축 구조는 철근 콘크리트조이며 기둥 및 벽식 구조가 채용되고 있다. 일부 재료를 제외하고는 주로 노출 콘크리트이며 개구부가 그리 많지 않아 매시브 한 디자인 감이 뛰어나다. 다양한 계단의 개소와 데크로 인해 내부 곳곳에 보이드와 솔리드의 공간감이 구조미와 함께 펼쳐지고 있다.

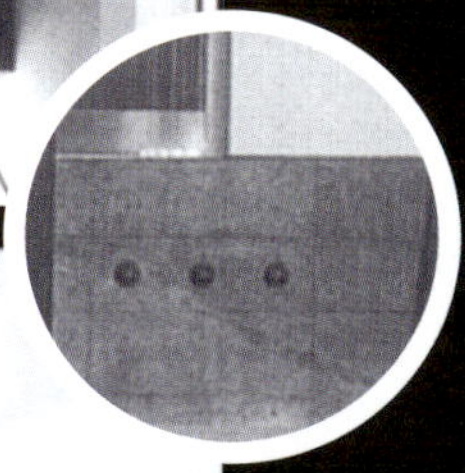

Netz
TOYOTA
ネッツトヨタ京都 北大路高野店
Netz
TOYOTA

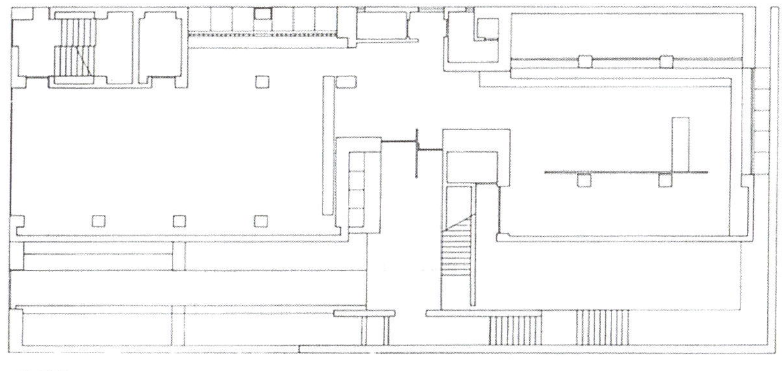

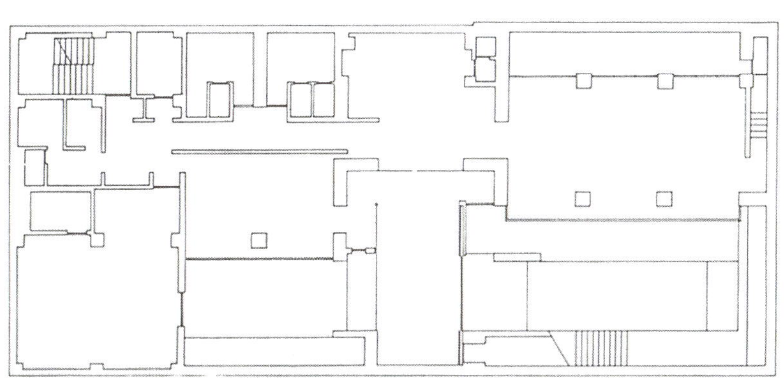

1층 평면도

지하층 평면도

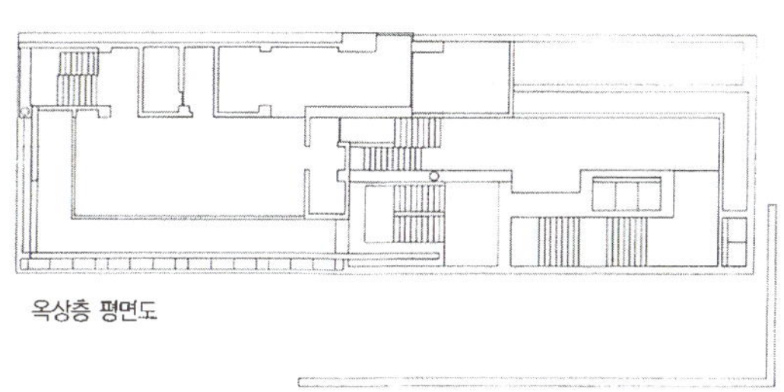

옥상층 평면도

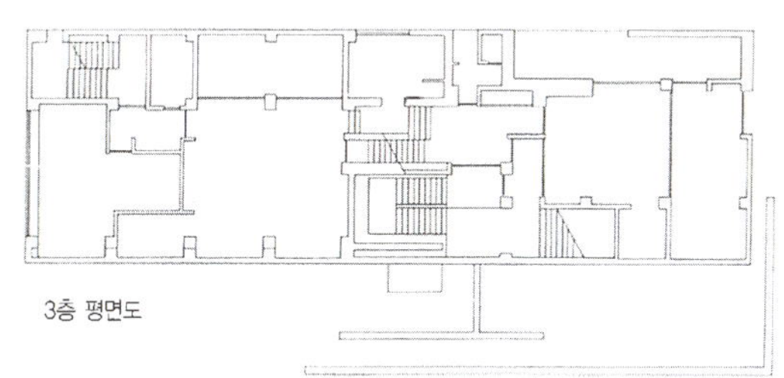

3층 평면도

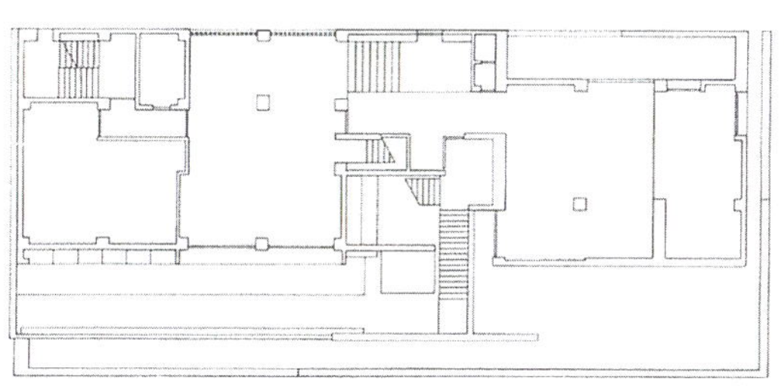

1층 평면도

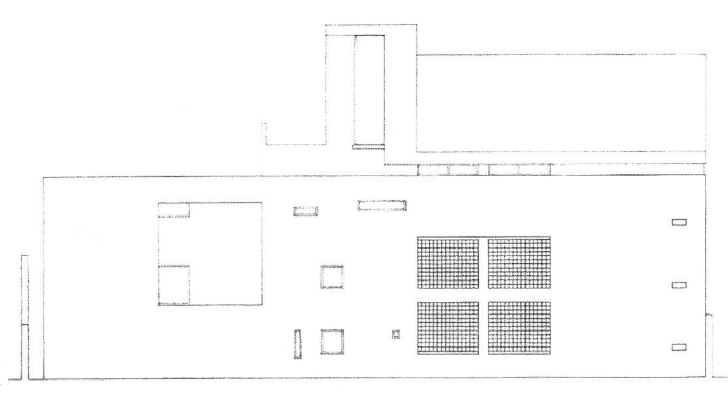

배면도

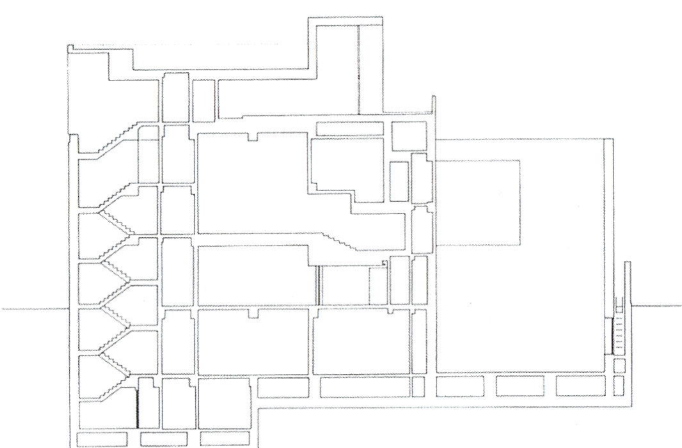

횡 단면도

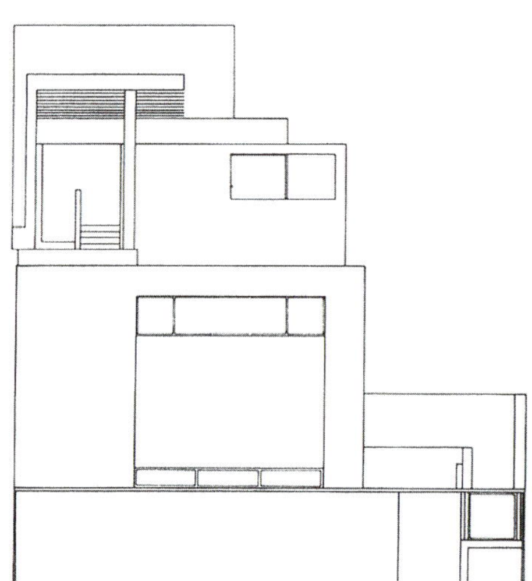

종 단면도

비트라 공장
Vitra Factory

Alvaro Siza의 건축사고방식

Alvaro Siza

알바로 시자에게 있어, 건축으로부터 무지개와 같은 정감이야말로, 그가 항상 요구해 마지않는 최대의 중요 사항이다. 1977년에 완성된 에보라시(市)의 〈마라게이라 집합주택〉은 현재 같은 시의 활기 넘치는 지구가 되고 있다. 같은 대지에 정착하여, 근린의 큰 농장이나 이전부터 있던 주택, 혹은 구 시가와의 연계가 깊어지고 있다. 많은 우여곡절을 거친 〈마라게이라 집합주택〉은 현재 성숙하여 시자가 요구하는 정감이 배이도록 하고 있지만 거리와 풍경, 건축과 자연이라는 두 가지의 균형이 나오는 정감의 창출에 대해, 시자는 대부분 말하지 않는다.

그는 코드화 된 이전의 언어는 건축에 있어 필요하지 않다고 말한다. 프로젝트를 시작할 때, 부지를 방문하고 상황을 잘 파악하기 이전에, 자신이 소유하는 지식으로부터 어떤 하나의 이미지라든지 아이디어를 생각해 내도록 유의한다. 여건의 지식에 간섭받지 않는, 자유롭고 감정적인 부분으로부터의 발상이야말로, 정감 넘치는 건축 만들기의 기초가 되는 것 같다.

그 점에서 다른 도시에서의 일은 그에게 자극을 주는 것 같다. 프로젝트에 대한 아이디어나 가능한 방향이 만들어지기 때문이다. 여행도 사물에 직접 접촉할 수 있다는 점에서, 건축가에게 있어서는 최선의 교훈을 준다. 이것은 포르투갈에서 가장 국제적인 건축가로서 많은 해외 프로젝트를 다룬 경험으로부터 나온 말이다.

1

3

2

4

5

다른 나라를 방황하는 시자의 눈은 자신이 관련된 도시의 단편이나 기억을 떠올린다. "엄격함을 유지하면서도 변화가 풍부한 양상을 지니는 베를린. 근대 건축 운동의 탄생으로 발단하는 경질적인 가로와 함께 기념비적인 공장과 정원, 호수, 폐허가 통합화 된 거리 크로이츠베르그(Kreuzberg), 헤이그, 그 장대한 대각선의 교차점에서는, 표출되는 장애물에 의해 그리드상의 도시 형태가 비틀어진다. 이탈리아 18세기 바로크 건축가인 루이지 반비텔리(Luigi Vanvitelli)의 언덕이니 골짜기에 걸친 수평 구조, 그 품에 안긴 궁선의 성원을 지닌 카세르타. 발레르모로부터 배가 도착한 일요일 아침, 한신한 항구도시 나폴리, 중년의 많은 관광객으로 활기찬 잘츠부르크, 파졸리니의 영화의 무대가 된 살레미, 웨트에서 어두움과 황금이 지배하는 거리 산티아고 데 콤포스텔라. 모뉴먼트 마다 디테일이 변화하는 베네치아의 완만한 일몰, 고대에 있어서의 문명의 교류 지점인 마카오, 그 외에 알코이, 세비야 등".

유럽의 변방이라고 하는 포르투갈의 포르토를 근거로 활약하는 시자는 지역적인 건축의 표현 수단에 몸을 두면서도, 억제를 통해 효과를 보았던 형태적 관용어를 개발해 왔다. 심플한 기하학과 배제된 재료의 희소성에 의해, 〈바이젠호프 집합주택〉과 같은 고전적 모더니즘의 건축이 가지는 간결성을 표현하고 있다고 이야기되고 있다. 따라서, 꼬르뷔제나 미스 등의 인터내셔널 스타일과 일부 유사하지만, 포르투갈 토착의 집합주택으로부터 파생한 지중해적인 요소도 가미하고 있다.

시자의 대표작 중 하나라고 하는 〈포르게스&이르몬 은행〉은 평행 사변형의 두 단변에 곡면 벽을 배치한 독특한 플랜을 지닌다. 흰 조형은 바이젠호프적이지만, 곡면 벽과 예각의 차양이 모두 유동적인 기하학은 시자의 독자적인 것이다. 내부 천정 면의 단차 라인이나 조명의 곡선도 흐르는 듯한 동적인 인상이다. 이와 같이, 〈핀트&시트 마요르 은행〉도 발코니, 카운터, 소피트 등이 원호를 그린다. 모두 Mendelsohn 라인이라고 하지만, 이러한 엘리먼트를 통합한 인상으로서 시자의 건축에 관련되는 조용한 주각적 조형성의 형태 미학은 어디에서 태어나는 것인가. 다음은 시자와의 간단한 대담이다.

비트라 공장

"어떤 동기로 건축가가 되셨습니까?"

A.S : "건축가는 되고 싶지 않았습니다(웃음). 나는 조각가가 되고 싶었습니다. 그것이 어릴 때의 꿈이었습니다. 그런데 당시, 포르투갈에서는 조각가나 아티스트는 돈이 되지 않는 직업이었기 때문에, 아버지는 안전한 생활을 할 수 없으므로 조각가는 그만두라고 했습니다. 들어가려고 생각한 포르토의 미술 학교(현 포르토 대학) 건축학과는 보자르계의 학교로서, 조각 회화 건축의 3학과가 있으며, 1학년은 3과가 합동 수업을 했습니다. 나는 조각 전공으로 들어갔습니다만, 아버지와의 분쟁을 피하기 위해서, 2학년 진학할 때 건축으로 이적할 생각이었습니다. 실제 3년 간 공부하고 난 후, 건축이 매우 마음에 들었습니다."

그의 건축이 조각적인 분위기를 지니고 있는 것은 무리가 없다. 세 아이의 훈육에 대한 속담대로, 그의 유년 시절의 소원이 지금 건축에 표출되고 있는 것이다. 그는 지금도 조각을 좋아하고, 브랑쿠지에게 영향을 받았다고 한다. 1965년에 졸업한 다음, 시자는 포르토의 페르난도 타보라 교수의 사무소에서 일한다. 여기서 그는 포르투갈의 전통적, 토착적 건축을 충분히 공부했다. 후년, 똑같이 유럽의 변경에서 활약하고 있던 핀란드의 알바 알토로부터 영향을 받았지만, 가장 영향을 받은 것은 타보라 교수라고 한다.

시자 만큼 건축가에게 영향을 받았던 건축가도 드물다. 더욱이 그는 그러한 존경받은 건축가와의 관련성을 부정하지 않는다. 앞의 알토 특유의 유기성은 〈베이레스 저택〉의 평면형에, 아돌프 로스의 단정한 순수성은 〈두아르테 저택〉의 외관에 현저하게 나타난다. 또한 꼬르뷔제의 경사로나 수평 창은 근년 완성한 〈포르토 대학 건축 학부〉에 느긋하고 평안한 자태를 드러내고 있다.

이 〈포르토 대학〉에서, 당초 그는 기존의 건물에 사용되고 있는 핑크 색을 채용하려고 했다. 거기에는 바라간의 〈기테르데이 저택〉에 있어서의 중정의 인상이 강하게 작용했다고 한다. 하지만 시자는 결국 흰색을 이용했다. 나무들 사이에서 엿보이는 아름다운 매스에는 순백의 정감이 좋다고 판단했기 때문이다. 도우로 강 너머의 언덕에 세워진 백악의 건물은 반은 초록에 묻혀 시정(詩情)을 유도한다.

시자는 1992년 프리츠커상을 받았지만, 그 때의 비토리오 그레고티의 연설 〈알바로 시자의 작품에 대한 고찰〉의 첫머리에서 그는 "나는 알바로 시자의 건축은, 그만이 정통해 있는 고고학적인 기반으로부터 배태되는 것 같은 생각이 들고 있다 …"라고 인상을 말하고 있다. 확실히 시자의 건축은 부지에 대한 꼼꼼한 연구로부터 생겨나는 드로잉에 의존하는 비중이 크다. 실제로 시자는 최초의 에스키스는 반드시 부지로 가서 그리고 있다.

케네스 프렘프톤은 그레고티의 말을 "자율적인 고고학"으로서 파악하고 그것이 부지에 존재하는 우연성을 반영할 뿐만 아니라, 그 프로젝트의 숙성 과정도 기억한다고 단정하고 있다. 그 매체가 되는 드로잉은 건축이 발전해 가는 과정에서 그 자체가 자율적인 의지를 가진 하나의 생명체와 같이 행동한다고 시자는 말하지만, 그것은 너무도 스토익한 시자이기 때문이다.

시자의 설계 수법이 디자인과 자연의 관계에 있어서의 지리 학문적인 차원을 탐구하는 것은 부지에 대한 그의 꼼꼼한 방법으로부터도 이해할 수 있다. 그 좋은 예로서 들고 있는 것이 〈마라게이라의 집합주택〉이다. 이 작품에서는 부지의 풍경에 기하학을 삽입함으로서 "미크로의 지리학"이 개발되었다. 한층 더 여기에서는 재료의 취급에 있어서도, 시자의 독자적인 기능에 준거한 위계성을 토로하고 있다. 예를 들면, 블록은 설비 덕트에, 벽돌은 변압권에 두는 것과 같다. 그리고 그는 빛도 재료로서 파악하고, "나는 빛을 다른 건축재료로부터 떼어낼 수 없다"라고 명언하고 있다.

시자의 작품에는 도시의 향수가 반영되고 있다고 말할 수 있을 것이다. 〈슐레이슈스 토로 집합주택〉은 베를린의 크로이츠베르그라는 황폐한 거리의 향수와 이 도시의 비극적인 과거의 이미지를 몸을 갖고 표현하고 있는 것 같다. 시자의 작품을 소개한 잡지에 공사중의 사진이 많은 것을 독자는 알고 있을까. 준공이 눈앞이지만, 건재가 어질러져 있는 듯한 미완의 건축 사진은 왠지 비어있고 풀이 무성한 우울한 표정이다.

알바로 시자의 건축은 포르투갈이 내장하는 숙명적이라고까지 말할 수 있는 빈곤으로부터 생겨난 청렴한 미니멀리즘이며, 그야말로 그를 정감 있는 건축의 시인이라고 부르는 이유가 아닐까 생각한다.

12

13

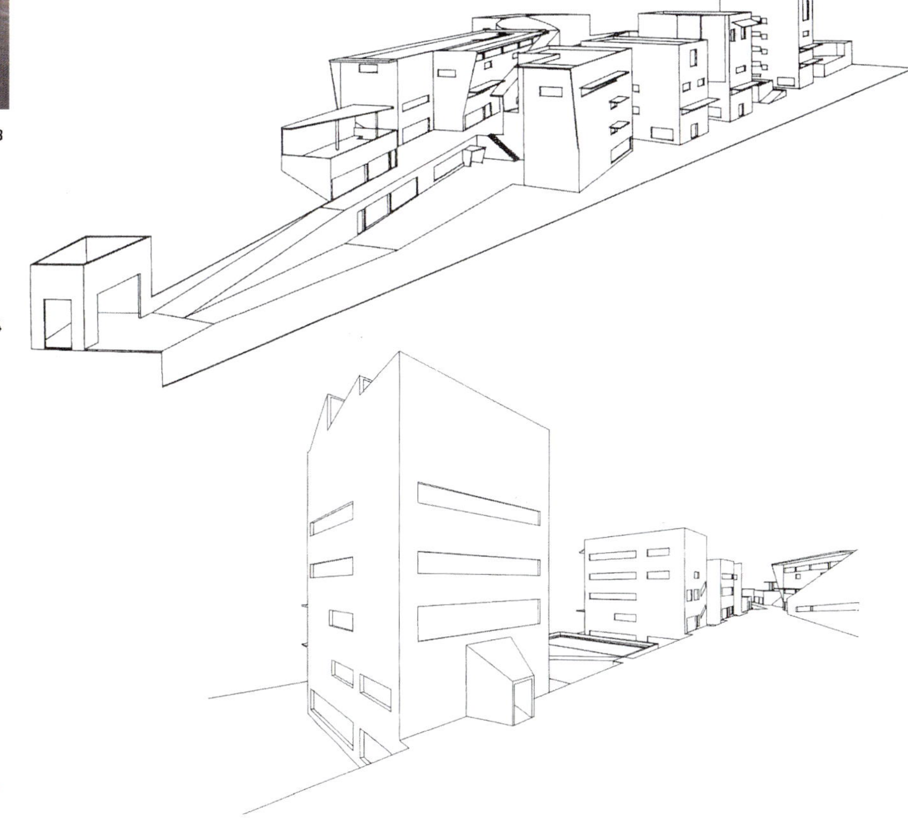

14

15

Vitra Factory

Eames-Strasse 1, Weil am Rhein, Germany, Alvaro Siza

| 디자인 컨셉 |

알바로 시자의 독일에서의 드문 작품 중 하나인 비트라 공장은 그의 베를린 집합주택 다음으로 독일에서의 작업이라 할 수 있다. 바일 암 라인의 비트라 뮤지엄 대지를 방문해 보면, 많은 수의 건축물이 운집해 있는데, 입구 부분의 프랭크 게리의 〈비트라 뮤지엄〉, 안도 타다오의 〈세미나 하우스〉를 지나 안쪽으로 니콜라스 그림쇼의 〈비트라 공장〉, 그 앞에 대칭으로 놓인 알바로 시자의 〈비트라 공장〉, 더 안쪽으로 있는 자하 하디드의 〈비트라 소방서(현, 비트라 의자 박물관)〉 등이 집합으로 건축되어 있다. 비트라 지역 대지의 가장 중심에 위치한 알바로 시자의 공장 건축은 온건하면서도 모던한 시자의 전형적인 디자인을 맛볼 수 있다.

주변의 여타 건축물들이 해체적이거나 모던한 콘크리트 건축물 또는 첨단의 기계적인 건물이라면, 시자의 디자인은 스페인-포르투갈을 잇는 리베리아 반도의 현재적 모던 건축의 단면을 보여주는 대표적인 작품이라 할 수 있다.

대지를 가운데로 횡단하는 도로 한 가운데에 일련의 아치 모양을 한 브리지가 눈에 들어오는데, 이것이 N. 그림쇼와 A. 시자의 건물을 연결하는 시각적 포인트임을 인지할 수 있다. 현장에 가보면, 디자인상의 상위가 매우 흥미로운데, A. 시자 건물 바로 뒤로 건축된 자하 하디드의 건축과 명확한 대비를 보이고 있기 때문이다. 시자의 건축은 입방체의 조각적이면서 모던하고 온건한 분위기를 자아내는데, 그의 스케치에서 보이는 끊임없는 3차원적 연필 스케치로 인한 것이다. 이는 마치 화가가 켄바스에 스케치를 하듯 만들어낸 하나의 작품 수준이다. 이 건물은 밖에서 볼 때, 콘크리트와 벽돌 조적조로 이루어져있으며, 그 결과 규모가 큼에도 불구하고 조적조의 중간 정도 규모로 인식되는 효과를 만들어 낸다.

건물은 넓은 대지에 하나의 커다란 대형 박스 건물
로 구성되며, 단일 용도로 공장으로 사용되고 있다.
도로 중간에 설치된 둥근 아치는 옆 건물과의 하나
의 접점을 표시하며, 전체 대지에서 이 건물이 차
지하는 위치를 지시하는 역할을 하고 있다.

대지 중앙에 나있는 도로를 따라 오른쪽으로 위
치한 건물은 동선 처리상 차량동선과 작업자 동
선을 원활하게 처리하고 있다. 건물 내부에서의
동선은 작업장으로서의 기능을 원활히 처리토록
되어 있다.

주요 구조는 철골조로 이루어져 있으며, 부분적
으로 콘크리트와 조적조가 사용되고 있다. 시각
적으로는 외부에서 보았을 때, 조적조의 인상을
강하게 부여하며, 단일 건물로서의 강한 이미지
를 나타내고 있다.

힐베르숨 오피스
Hilversum Office

작품설명

| 디자인 컨셉 |

힐베르숨의 미디어 파크 옆에 있는 이 건물은 Koen van Velsen
의 근작이다. 숲에 위치하고 있는 이 건물은 백색의 매스로 구성
되어 있어 깨끗한 이미지를 주고 있다. 전체 매스는 직사각형을
이루면서 대로변과 수직으로 길게 구성되어 있다. 대로변이 건물
배면이 되고 안쪽이 건물 전면이 되는데, 전면은 상당한 길이의
캔틸레버가 돌출 되면서 입구 케노피를 형성하고 있다. 전면은 전
체를 유리로 처리해서 앞에 있는 자연과 내부 공간을 일체화시키
고 있고 또한 내부 공간의 조형적인 요소들이 입면의 이미지를 제
공하고 있다.

내부 공간에는 가운데 작은 중정을 두어 공간을 외부에 열어두고
있고, 공간 표현을 최대한 절제한 미니멀 한 이미지를 준다. 건물
전체가 약간 경사져 있기 때문에 내부 공간들은 입구에서부터 약
간씩 단을 이루면서 공간이 전개되고 있다.

| 프로그램 |

이 건물은 미디어 회사의 사옥으로 지어진 건물로서 주 용도는
사무실로 사용되고 있다.

힐베르숨 오피스
Hilversum Office

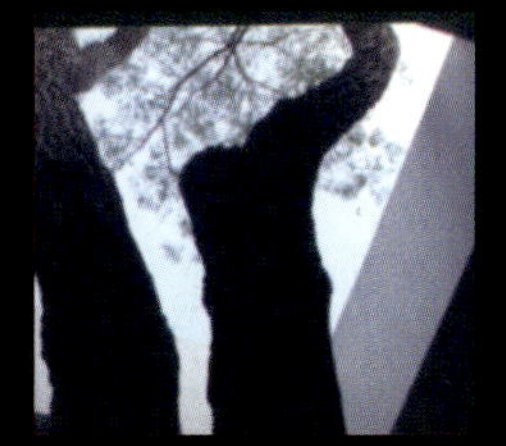

| 동선순환체계 |

이 건물은 대로변에 위치하고 있지만 정면이 노출되어 있지 않다. 대로변에는 건물의 배면이 위치하고 있고 이 건물을 끼고 안으로 진입하면 작은 마당과 함께 건물 정면으로 진입하게 된다. 전체가 유리로 마감된 정면에는 목재로 마감되어 돌출된 출입구가 있다. 이것을 지나면 작은 로비와 안내 데스크를 만나게 된다. 전체 평면은 직사각형의 매스 가운데 작은 중정이 있고 이 주위에 사무실들이 배치되어 있으며 다시 이것들을 감싸는 복도로 구성되어 있다. 즉 복도는 직사각형 장 변의 양쪽에 외부와 접해 있다. 그리고 복도부분이 유리로 마감되어 있기 때문에 외부에서는 건물 내부에서 사람들이 이동하는 모습들을 볼 수 있다.

| 구조 시스템 |

이 건물은 2층 규모의 콘크리트 구조물로 지어지고 외벽 마감을 흰색 패널과 부분적으로 금속을 사용해서 마감하였다. 유리는 푸른빛을 띄는 것을 사용해서 주변 자연과 통하도록 하였고, 내부는 주로 목재를 사용해서 따뜻하면서 절제된 분위기를 연출하고 있다.

| 주요 디테일 |

– 케노피 : 건물 마당을 덮고 있는 입구 케노피는 구조적인 긴장감을 주고 있고, 특히 기존의 수목을 보존하면서 돌출 되어 있는 모습들이 인상적이다.

– 출입구 : 전체 유리입면에 목재로 짜여진 사각형 상자모양의 출입구는 투명한 입면에 오브제가 되고 있다.

– 복도 : 복도가 외부와 접해 있고 입면이 유리로 마감되어 있기 때문에 내부 복도입면이 하나의 커를 형성하면서 외부에서도 근거리에서는 입면으로 인식된다.

– 로비 : 2층까지 오픈 되어 있고, 2층에 있는 사무실에는 창을 두어 건물 전면을 항상 바라볼 수 있도록 디자인하였다.

ENTREE

Renzo Piano의 건축사고방식

1989년 초두, 영국 건축계에 충격이 가해졌다. 그 해의 RIBA 골드 메달이, 렌조 피아노에게 수여되었기 때문이다. 당시 52세의 피아노는 유럽에서는 젊은 축에 든다고 할 수 있는 건축가였다. 처음부터 RIBA 골드 메달은 비교적 연배가 높은 건축가에게 주는 것이 통례였기 때문에, 피아노의 수상은 많은 건축 관계자들에게 놀라움을 주었던 것이다. 실제 네덜란드의 알도 반 아이크나 이집트의 핫산 파시(Hassan Fathy)가 동시기에 노미네이트 되었다고 한다.

그러나 렌조 피아노가 조만간에 골드 메달을 수상한다고 하는 것은 일반적인 이해 사항이 되고 있었다. 리처드 로저스와 만든 〈퐁피두 센터〉에 의해, 렌조 피아노는 영국에서는 잘 알려진 존재였다. 수상 당시 RIBA 회장인 로드 호크니(Rod Hockeny)는 피아노를 평가하길 "국제적인 평가를 받는 커뮤니티 아키텍트"라고 말했다. 호크니의 이 말은 렌조 피아노의 지금까지의 궤적을 간결하게 표현하고 있다.

일찍이, 피아노는 〈오틀랜트 역사 지역 재개발 계획〉, 〈브라노 섬 재개발 계획〉, 〈구 사시지구 지구 재개발 계획〉과 같은 커뮤니티에 밀착한 재개발 계획을 많이 다루어 왔다. 그 중, 대표적인 예를 들면 〈오틀랜트〉에서는 모빌 공장(이동 실험실)이 설계되어 오틀랜트시의 역사 중심지구의 광장에 도입되어 지역 주민과의 대화의 장소가 되었다. 주변의 주민이 빠짐없이 참가하는 주민 대화를 통해, 피아노는 상대의 소리를 듣는 귀를 길러 왔다. 그것이 커뮤니티 아키텍트라고 불리우는 이유이다. 또한, 피아노는 〈퐁피두 센터〉를 비롯해 〈피아트 링고트 공장〉, 〈IBM 순회 전시 파빌리온〉, 〈순베르제 회사 개축〉, 〈메닐 콜렉션 미술관〉 그리고 〈간사이 국제공항〉과 같은 세계적으로 잘 알려진 작품에 의해 국제적인 평가도 얻었기 때문이다.

기 만큼 세계적으로 유명한 피아노도 〈퐁피두 센터〉 이전에는 그 정도로는 알려지지 않았던 것이다. 리처드 로저스도 마찬가지이다. 이들 양자는 이 현상공모에서 당선된 이후, 세계의 영광스러운 무대에 등장하여, 하

이테크 터치로 세계의 건축에 영향을 주어 왔다. 그런데, 세상이 하이테크 건축가라고 생각하는 건축가들은 이구동성으로 그렇게 불리는 것을 싫어하고 있다고 한다. 피아노도 역시 그러하다. 그러나 하이테크는 하이테크놀로지, 즉 고도의 기술이며, 피아노나 로저스 역시 고도 기술을 자주 사용하고 있는 것으로부터, 그들을 하이테크 건축가라고 불러도 결코 잘못된 판단은 아니다. 그러나 예를 들어, 지붕 구조에 고도 기술을 구사한 〈메닐 콜렉션 미술관〉을 하이테크 건축이라고 부를 수 없듯이, 피아노에게 하이테크만의 상표를 붙일 수는 없다. 즉, 〈메닐〉에 집약된 고도 기술은 피아노와 그 팀이 스스로의 손으로 모형이나 부품을 만들고 실험을 반복해 완성시켜 가는 숙련공적인 건축 만들기와 함께 융합되어 있기 때문이다. 피아노의 디자인 작수을 하이테크 크래프트맨쉽이라고 부르는 근거가 여기에 있다.

같은 부류의 숙련공적인 작품에는 레이너 변햄이 극찬한 〈IBM 순회 파빌리온〉이 있다. 이 건축은 역시 크래프트맨쉽의 전형(prototype)을 경험하는데 있어서 중요했다고 피아노는 말한다. 당시, 피아노는 움직이는 건축을 테마로 하고 있었지만, 이 건축은 유럽 각 도시를 돌아 다니고 조립 해체를 반복하는 가설 건축이었다. 이 가설 건축의 구성 요소를 이루는 폴리카보네이트 외벽, 집성재에 의한 구조 프레임, 그리고 알루미늄 캐스트의 Joint, 이들 3자가 구성하는 정교한 디테일이나 구조 미학은 벤햄으로 하여금 "예술품"이라고 말하게 했다. 확실히 크래프트맨쉽이 없이는 불가능한 작품인 것이다.

그럼 도대체 피아노는 어째서 크래프트맨쉽에 매달리는 것일까. 주지의 사실이지만 그의 부친이 건설업을 경영했고 또한 조부도 같은 업종에서 일했다는 이유가 그것일 것이다. 피아노는 10세 무렵부터 공사 현장에 있었다고 한다. 부분 부분이 순차적으로 조립되며 전체가 완성되어 나가는 프로세스를 자연스럽게 뇌리에 새긴 소년 피아노는 후년에 건축가를 지원하게 되었을 때, 이 경험이 크게 영향을 주어 통상의 건축 디자인 교육으로는 부족하지 않았다. 그는 "균형 잡힌 볼륨"과 같은 아카데믹한 이론에는 만족할 수 없었다. 그는 스스로 건축의 부품을 설계하고 만든다는 공장 스타일을 좋아하게 되었다. 그의 사무소명이 〈렌조 피아노 빌딩 워크숍(RPBW)〉이 된 이유는 여기에 있다고 할 수 있다.

그는 처음부터, 건축의 부분을 추구하였고 그것을 겹쳐 쌓음으로서 전체에 이른다고 생각하고 있었지만, 실제로는 전체 디자인도 부분의 디자인과 함께 이루어져야 할 필요가 있다는 것을 알고 있다. 즉, 프로젝트 전체와 디테일은 처음부터 동시에 출발해야 한다는 것을 깨달았다.

렌조 피아노는, 많은 건축가들이 자신에게 영향을 준 건축가로서 대부분 근대 건축이나 현대 건축의 거장을 들고있는데 반해, 거꾸로 르네상스 시대의 건축가 필립포 부르넬레스키를 들고 있다. 부르넬레스키는 스스로 도구를 만들어, 실제로 건물을 짓는 것에 진력한 건축가였다. 피아노는 부르넬레스키의 스스로 직접 손으로 도구를 만들어 건축을 만든다고 하는 숙련공(직공)적 자세에 강하게 자극을 받았다. 그것은 피아노가 스스로 건축의 부품을 설계하고 만든다고 하는 수법으로 바로 이어진다.

9

더욱이 피아노는, 건축은 한사람의 건축가에 의한 예술적인 능력으로 창조되는 것이 아니라, 팀 워크에 의한 인내적인 창조 행위라고 생각한다. 이것은 자칫하면 자기 주장형, 또는 자기 현시형이 많은 오늘날의 건축가 상으로부터 보면, 지극히 조심스러운 자세가 아닐까 한다. 또한, 건축가는 처음부터 자기를 전면에 밀어내거나 자화자찬하거나 하는 것은 조심해야 하고, 오히려 능숙하게 되어야 한다고도 말한다. 그는 클라이언트에 대해서는 항상 이러한 조심스러운 태도를 관철한다. 〈메닐 콜렉션 미술관〉의 오너인 메닐 부인은 이 미술관을 만들 때, 몇 사람의 세계적인 건축가를 만났지만 피아노를 만난 다음부터는 모두 관계를 끊은 것 같다. 피아노만이 그녀의 클라이언트로서의 특수한 요구를 인내심 있게 들어 주었다고 한다. 피아노의 이 인간미 넘치는 자세야말로, 디자인 운운하기 이전에 건축가에 있어 필수 불가결한 자질인 것이다. 왜냐하면, 클라이언트는 안심하고 일을 부탁할 수 있기 때문이다. 피아노의 설계 사상을 표현하는 말에 "소프트 테크놀로지"가 있다. 본래는 "기술과 자연", "인간과 기계", "과거와 미래"와 같은 2항을 숙련공적으로 융합시키는 피아노의

10

11

12

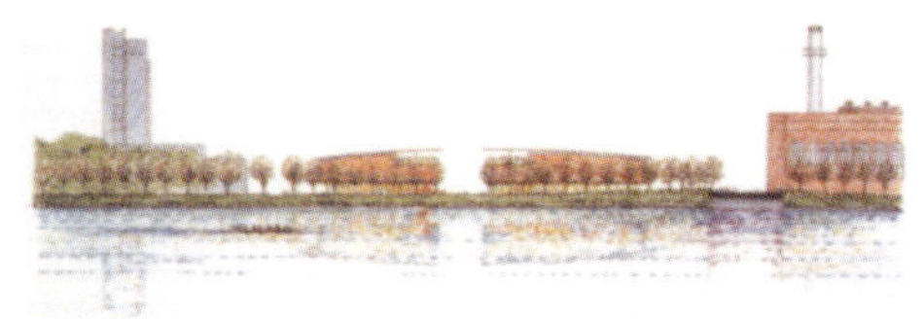

설계 작법을 의미하는 이 말은 나에게는 그 의미 내용에 더해, 피아노가 항상 유의하는 클라이언트에 대한 대응 기술이야말로 "소프트 테크놀로지"가 아닐까 하고 생각하는 것이다.

1994년 10월, 렌조 피아노가 그 "소프트 테크놀로지"를 구사하여 획득한 〈메닐 콜렉션 미술관〉을 방문했다. 주변 녹지와 녹음에 파묻힌 이 미술관은 일체의 모뉴멘탈리즘을 배제한 단순한 미학이 보는 사람을 압도한다. 높은 천정에 설치된 "루프 구조"로부터 새어나오는 온화한 빛과 한적한 주택지의 고요함이 낳는 정경은 미술 감상에 있어 이들 나무 모습을 명시하고도 남음이 있다. 렌조 피아노의 디자인의 일관된 컨셉인 기술과 자연(중정)이 융합하여, 공생하는 이 미술관은 "소프트 테크놀로지(soft technology)"가 가세해, 그의 작품 가운데에서 가장 피아노적인 작품이라고 할 수 있다.

그것은 〈간사이 국제공항〉이나 〈IBM 순회 파빌리온〉보다 더욱 피아노적인 것이다. 그 조심스러운 정취는 피아노의 설계 자세 그 자체이다. 파리를 진동시킨 그 충격적인 〈퐁피두센터〉의 완성으로부터 거의 18년. 작게는 건축의 가동 조인트로부터, 크게는 공항이나 도시계획에 이르기까지, 개개의 작품에 적절한 특수 해의 해답을 제시한 〈렌조 피아노 빌딩 워크숍(PRBW)〉. 일본을 방문하는 해외 건축가 중에서, 〈간사이 국제공항〉이라는 최대의 프로젝트를 완성시켰고, 그 이후에도 〈포츠담 광장〉, 〈신부 피오 순례 교회〉, 〈국립 과학기술 박물관〉, 〈로마 오디토리움〉과 같은 새로운 프로젝트를 다루는 그들의 강함의 비밀은 어디에 있는 것일까. 거기에는, 피아노의 양팔이 되어 활약하는 엔지니어 및 건축가들의 존재를 잊어서는 안될 것이다.

KANTONSSP

kpn telecom

Renzo Piano의 건축사고방식
: 렌조 피아노와의 대담

Renzo Piano

건 축 가 의   작 업

"렌조 피아노씨는 건축가의 작업이 '통상적인' 일이라고 주장했습니다. 또한 예술가로서 건축가의 신비로움을 인정하지 않고 있습니다. '통상적인' 건축가란 어떤 존재를 의미하는 것입니까?"

Renzo Piano : 나는 오랫동안 건축가의 전문적 역할이 현대화되어야 한다는 생각을 지지하고 있습니다. 그렇지 않으면 물장사에서 기병장교에 이르기까지 다른 많은 전문가들처럼 서서히 사라지고 쓸모 없게 될 것입니다. 현대화는 두 가지 근본적인 문제와 관련되어 있습니다. 그 중 하나는 건축가와 건축주와의 관계의 "정상화(Normality)"입니다. 건축가는 자신의 건축주에게 서비스를 제공해야 하는 임무를 가지고 있습니다. 이것은 필수적인 양상입니다. 건축가는 소위 "경청하는 예술"을 개발해야 합니다. 건축주에게서 그리고 그의 요구와 영감, 그가 말하지 못하는 것과 확신하지 못하는 것들까지도 들을 수 있어야 합니다.

"건축주가 언제나 옳다는 의미는 아니겠습니다. 그렇지 않습니까?"

RP : 그렇습니다. 건축가가 자신을 먼저 미화하거나 스스로를 표현하려는 데 조바심을 가져서는 안 된다는 것입니다. 그 자신의 스타일을 강요하는 게 잘못일 수도 있다는 것입니다. 내가 설계를 시작할 때 마음을 제어하는 가장 중요한 요인 중 히나는 초연한 상태에서 사물을 보기 위해서입니다. 사람 스스로에 관해 모순이 있어서는 안 된다는 것입니다.

두 번째 문제는 능력입니다. 16세기에 디자이너로서 건축가 역할의 진정한 가치에 대해 생각해 봅니다. 건축가는 건물을 창안하고 실현하며 또한 그렇게 하기 위해서는 도구를 설계했습니다(마치 부르넬레스키가 그랬던 것처럼).

1

2

3

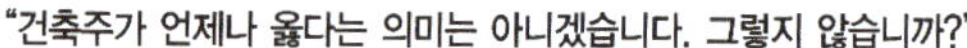

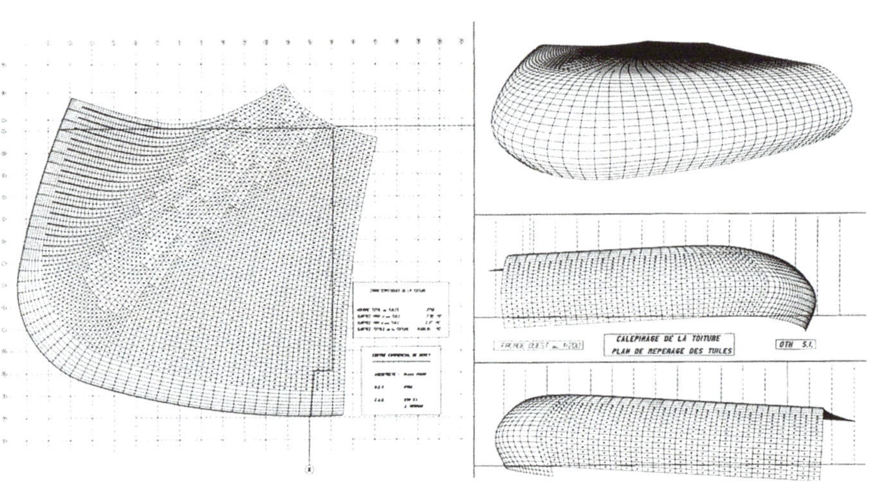

4

5

6

수세기 동안, 건축가는 시공 분야로부터 점차 분리되어 왔으며 건축가는 손을 흙에 묻히는 일을 원치 않았습니다. 사고와 행동에서 이런 분리는 모든 예술분야에서 나타나고 있습니다. 그러나 우리 분야에서는 그런 일은 대 이변입니다. 행동의 결과인 인식적, 기술적 피드백의 결핍 때문에 무능함을 가져옵니다.

나는 개인적으로 분리에 관해 결코 괴로워하지 않습니다. 내 선조 2대(할아버지, 아버지)는 모두 건설업자였습니다. 아마 이러한 묘한 근원은 역설적으로 나를 통상적인 건축가로 간주되지 않도록 했습니다.

사물의 매우 복잡한 의미를 경청하고 잡아내야 합니다. 이전의 건축가가 한 것 같이 도구와 기계를 발명하는 데 충분한 능력을 갖추어야 합니다. 그렇다고 해서 청교도적 윤리주의를 말하는 것은 아닌데, 상식적으로 나는 보이스카웃으로는 아무 것도 갖추지 못하고 있습니다. 내게 흥미로운 것은 건축을 만드는 겁니다.

전 문 직 의 시 작 : 한 번 에 하 나 씩

"실제로 당신은 건설현장에서 시간을 보낸 경험이 있지요. 그렇지 않습니까?"

RP : 물론 있습니다. 아버지를 10살 때 찾아가 일을 시작했습니다. 많은 것을 배웠다기보다는 건축을 만드는 다른 방법에 대한 강한 혐오감을 발전시켰습니다. 이것은 "진취적 창작(bold compositions)"과 "균형있는 볼륨(Balanced Volumes)"에 대해 말하는 아카데믹한 학생을 의미합니다.

다른 시작의 출발이었습니다. 그때 나에게서 건축은 같이 지탱하는 것이 가능한 한 많은 초경량 부분들의 기적이었습니다.

"그래요. 당신은 도전을 좋아합니다."

RP : 아닙니다. 꼭 그렇지는 않습니다. 나 역시 점차 인간주의적 의식으로 단일화되는 과학에 의존하고 있습니다(내가 분명히 속해 있는 매우 이탈리아적인 전통의 산출입니다).그것이 내가 테크놀로지에 전념하는 사람처럼 느껴지지 않는 이유입니다. 나는 휴머니스트이자 과학자입니다.

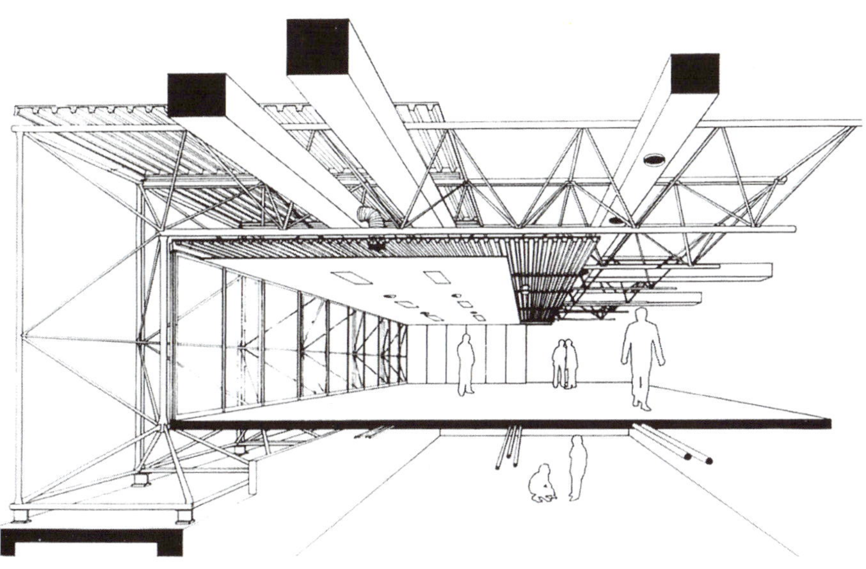

건축을 시작할 때 하나씩 작업했습니다. 건물의 부분들을 설계하였습니다. 모든 것이 고려되었으나 "건축"에 관해 가장 작은 조각은 그다지 관심을 갖지 않았습니다. 오히려 건물에서 실험을 하였습니다. 품위에 대한 세심한 연구는 겸손으로는 표현되지 않습니다. 이 개념에서 점차 멀어졌으나 상세히 설명하는 데에는 매우 주의를 기울였습니다.

이것이 내 사무실이 〈Building Workshop〉으로 불려지는 이유입니다. 많은 부분들은 스스로가 만드는 진정한 작업장 같지 않으면서 작업방법을 쉽게 하는 부분적인 이유 때문입니다.

한번에 하나씩 일을 하는 단계는 역시 그 밖의 여러 가지를 가르쳐 주었습니다. 일반적으로 진보해야 하며 동시에 수준을 상술해야 합니다. 프로젝트의 시작과 함께 상세한 정의에 근거해 작업을 시작해야 합니다. 이 부분에서 나는 장 푸르베(Jean Prouve)의 도움을 또한 받았습니다(이것이 일본적인 건축방법의 특색을 나타낼 지라도). 건축은 인내심을 요하는 게임이며 팀웍이지 폭 넓은 창조적 예술가의 본능적 작업은 아니라고 나는 종종 말해 왔습니다. 그리고 내 말에 유념하면 인내심을 호소하는 데에 관해서는 윤리적이지 않습니다. 내가 지지하는 팀웍은 현실적 민주정치와 같습니다. 경험은 이와 같이 인본주의적, 과학적, 사회적 그리고 근본적 창조를 구분하는 어떤 경계도 없이 내가 작업하도록 만들었습니다.

"지금은 많은 관련 분야에 관해 말하고 있습니다."

RP : 그러나 많은 사람들이 그것을 실무에 적용하지 못하고 있습니다. 많은 관련 분야가 있다는 것은 엔지니어, 물리학자, 기술자와 조직자가 모두 동등한 위치에 있다는 것을 의미합니다. 그것은 내가 Flavio, Alain, Peter 또는 Tom, Shunji, Nori, Bernard와 같이 수행했던 방법입니다. 어떠한 순서도 배제해야 합니다. 비록 순수능력에 부합할지라도 말입니다. 들러리로 있어서도 안되고 관습과 방어적 태도와 실수에 대한 두려움의 장벽을 없애도록 준비하는 것이 또한 필수적입니다. 또한 잘못에 대한 책임과 그것을 인정해야 하며, 다시 시작해야 합니다.

철저한 연습: 파리의 퐁피두센터

"〈퐁피두 센터〉에 관해 말씀해 주십시오. 잘못 생각한 것이 아니라면 그것은 당신에게는 전환점이었던 것 같습니다."

RP : 사실, 그것은 어려운 연습의 고통을 대변하는 것입니다. 건물은 가치로 따져 4억불 정도이고 100명을 수용할 수 있는 사무실이 있습니다. 그럭저럭 커다란 업적이었습니다. 그 현상공모에는 681명이 참가했으며 나는 리처드 로저스와 같이 참가했습니다. 확신은 없었으나, Ove Arup이 제공해 준 300파운드가 결정적 요인이 되었습니다. 우리는 당선되었으며 한 쌍의 들뜬 아이들 같이 자신에 차서 파리에 도착했습니다. 우리는 지나치게 자극적이었습니다. 실제로 우리는 문화건물을 설계했으나 파리의 전형인 문화의 거만, 위협적인 스타일에 반(反)하였던 것입니다. 그것은 우스꽝스러운 우주선—퐁피두센터—를 의미하였습니다. 거기서 나는 어떤 프로젝트를 진전시키기 위한 필수적인 특성인 결단성을 배웠습니다. 퐁피두를 건설한 후에 모든 있음직한 장애물은 우리 방법에 맡겨졌습니다. 예산삭감, 소송과 위협, 이런 모든 것이 철저한 연습이었습니다. 그러나 역시 그것은 유익한 활력소였으며 인간의식의 처방이었습니다. 예를 들어, 나의 친구들인 Pontus Hulten, Jean Tinguely, Luciano Berio, 나는 또한 Jean Prouve(심사위원장)와 Robert Bordaz(퐁피두센터 책임자, 그는 여전히 매우 활동적임)에 대한 놀라운 기억이 있습니다.

11

14

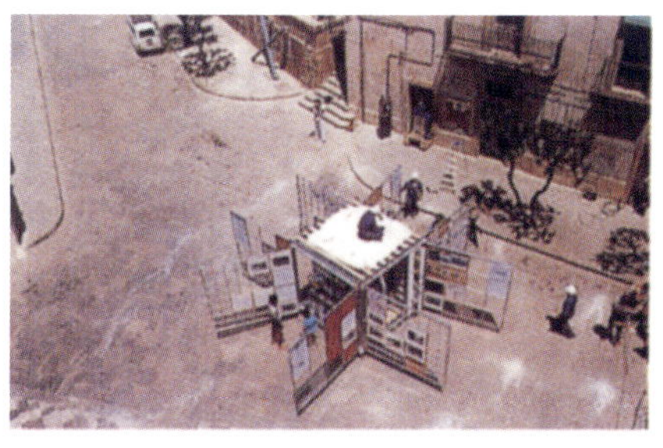

12

15

13

16

경청하는 예술: 참가

"퐁피두센터 이후에는 어떤 일을 했습니까?"

RP : 이탈리아로 돌아왔습니다. 그 이유는 가족이 원했기 때문입니다. 그러나 이후에도 나의 실험적 작업은
지속되었으며 특히 UNESCO에 감사합니다. 많은 프로젝트에 참가했고 내 아내 Magda는 프로젝트를 많이
도와주었습니다. 참가에 대해(참가 이야기가 나왔으니 말인데), 이런 문제에 있어서는 잘못된 생각이 흔하므
로 한가지 점을 생각하고자 합니다. 참가가 "사람들이 요구하는 바를 행동하는 일"이란 의미가 아니며, 그렇
게 하는 것은 맹목적인 복종일 뿐입니다.

참가한다는 것은 정보, 교육, 비평이 갖추어지고 많은 어려운 작업이 있다는 것입니다. 왜냐하면, 사람들은
매체로 인해 많은 잘못된 모델에 관심을 가지기 때문입니다. 그래서 Otranto, Burano와 Senegal의 지역을
개선하는 가장 복잡한 기술을 요하는 옛 도시 중심에서 작업을 했습니다. 덧붙이고 싶다면 단지 무지와 무기
력이 어리석음을 지탱한다는 것을 분열작용 −파괴와 같은− 이 옛 도시중심에서 필수적이라고 믿는 것입니
다. 더 나은 행위를 위한 수단은 존재하고 사용되어야 합니다.

"이런 프로젝트에서 배우는 가장 중요한 교훈은 무엇입니까?"

RP : 이전의 건축술로 작업하는 것은 역사적 맥락에서 나를 더욱 섬세하게 만듭니다. 진실로 경청하는 또
하나의 면임에 틀림없습니다. 나 역시 창조에 관한 극히 중요한 법칙을 발견했습니다. 새로운 프로젝트를 시
작할 때마다 법칙을 발견하기 때문에 그것으로부터 느낍니다. 분명히 간단하고 믿을 만한 지침으로 작용하는
법칙, 아마도 좀더 스스로 확실하게 느꼈을 때 다소 여기저기서 법칙들이 깨어질 것입니다. 실제 상황은 가장
좋은 법칙을 제공합니다. 창조를 위해 완전한 자유를 필요로 하는 것을 지지하는 그런 사람들은 기준에서 멀
어져 있습니다. 확실히 인간의 정신은 자유로워야 합니다. 그러나 참고로 사용되는 법칙은 모두에게 필수적
입니다. 복원작업에서 규칙과 자유, 신중과 창조성에는 모순이 없음을 배웁니다. 사실 도시의 역사는 경험으
로 구성됩니다. 종종 사회계층과 경험의 관계를 배열해 봅니다. 행동은 역시 보여주는 것입니다. 더욱이 건축
은 결코 완전하게 "마무리 될"수 없습니다. 어색하고 형식적인 완전성에는 반대합니다. 불완전성은 생활이고
사람들의 이용으로 건축은 완전됩니다.

활동적 건축: High-tech and Craftmanship

"역사를 '인용하는' 데 관심이 없습니까?"

RP : 물론 없습니다. 나는 학술원 회원도 아니며 더욱이 포스트−모더니스트도 아닙니다. 새로운 기술을 이
용하는 것을 좋아하지만 도구와 목적을 혼동하지는 않습니다. 탐구를 포기하거나 낙후한 기술을 이용하는 것
(현재를 거부하는 것)은 어리석은 것입니다. 나를 하이−테크(High−tech) 건축가라고 부르는 사람은 기술에
근거한 〈퐁피두센터〉의 강조된 아이러니를 이해하지 못하고 있습니다. 외형적 단계에서조차 문화적 신비로움
을 가져오고 침해하려는 소망을 이해하지 못하는 것입니다. High−tech류의 craftsmanship으로 특정 지워
진 후속단계에 대해 말하고자 합니다. 자가 당착적인 모순을 부인하지 않겠습니다. Craftsmanship은 공예품
(craft objects)−종종 산업생산물의 잘못된 모방과 꼭 같은−과 관계가 없습니다. craftsmanship의 현대적
의미는 산업화 단계를 지속하는 생산 단계 상태입니다. 원형입니다. 활동적인 건축에서 가장 중요한 실현은

20

21

22

23

FIAT에 관한 실험적 자동차 건물이었습니다. 이 안(案)에서의 작업은 1978년에 시작하였습니다. 대충 Formula One 자동차와 같았습니다. 목적은 정보제공이었습니다. 대량생산을 위한 설계가 아니었습니다. High-tech와 craftsmanship은 이 프로젝트에서 단일화되었습니다. 항상 craftsmanship은 종합적 위험, 모험에 대한 준비를 갖추고 있다는 것을 잊어서는 안됩니다.

"역시 여기서는 중요한 역할인 팀웍에 달려있군요."

RP : 매우 중요한 역할, 즉 자동차에 열중한 것이 아니라 날마다 작업라인에서 보냈습니다. 여기에는 많은 각각의 분야가 있습니다. Tom과 Peter(그때 이미 Over Arup & Pattners의 구성원이었던) 그리고 Shunji, Nori, Bernard와 밀접하게 작업을 했습니다. 〈퐁피두센터〉가 완공된 후, 같이 작업해 온 분야들 사이에서 분리는 없었습니다. 산업디자인 경험에 대해 한가지 더 말하고 싶습니다. 한편, 사고와 행동의 단일화로 창출된 놀라운 감각입니다(사무실에서 설계 분야, 정신적, 육체적 노동: 그것은 환상적이었습니다). 그러나 또 하나의 반응이 있었습니다. 그것은 불경기였습니다. 시장성의 판단은 발명성이 거의 없는 사무실을 떠났기 때문에 자동차 생산의 영웅적 단계가 끝났다는 것을 깨달았습니다. 이 분야에서 물질과 형태의 분리는 공공연히 표현되고 수용됩니다. 아주 종종 놀라운 기계혁신은 외형적 타협으로 가득 찬 혼합된 덩어리로 사용되는 것입니다. 아직까지 활동적 건축에 관한 한 1983년에 세워진 〈IBM 순회전시 파빌리온〉은 원형적 crafts-manship의 대단한 경험이었습니다. 건물은 각 시간에 다른 도시에 세우도록 설계되었습니다. 나무와 알루미늄의 합성인 폴리카보네이트(polycarbonate)는 항상 공원이나 녹지에 세워졌습니다. 이 작업은 언제나 내게 소중한 개념의 표현을 나타내도록 했습니다. 자연은 호기심과 영감의 풍부한 근원이었습니다.

"그러나 외형감각에서 그렇지 못했습니다."

RP : 물론 그렇지 못했습니다. 모방 또는 "인용"에 관심이 없다는 말을 하는 겁니다. 자연에서 좋은 것은 엄격한 법칙 분야가 있다는 것입니다. 그것의 한계에서 프로젝트를 연구하도록 추진함으로서 그럭저럭 자연주의적 구조를 창조하고 단순한 완성을 이해할 수 있습니다. 모방이 아닙니다. 〈IBM 파빌리온〉으로 나는 자연 발생적 기술의 명확함에서 분리는 필요 없다는 하이-테크의 문제를 시험했습니다.

"그것은 기술과 자연 좀더 나아가 인류와 과학이 상충한다는 주장을 발생시킵니다."

RP : 이에 관해 아주 분명하길 원합니다. 이 상반성을 믿지 않습니다. 이런 관계가 문제를 발생시킬 때는 더 이상 이 시대에서는 살 수 없습니다. 어찌되었든 나는 과학은 자연으로 인해 균형을 찾는다고 믿습니다. 이 것이 〈IBM 파빌리온〉이 자기 표현의 형(形)을 찾는 중요한 단계를 나타낸다는 또 하나의 이유입니다. 사람들은 그것을 "부드러운 기계(soft machine)", "순박한 기계(Arcadian machine)"라고 부릅니다. 이는 유쾌한 정의입니다. 나는 "보통성"에 대해 앞 부분에서 말한 것을 다시 언급하고 싶습니다. 스타일이 디자인 외형이고, 다른 건축가와 구분되는 표시, 그 밖의 모든 것 이상을 차지하려는 것이라면 나는 스타일을 주장하는 데에는 관심이 없습니다. 〈퐁피두센터〉에 대한 많고 적은 해석을 원치 않습니다. 그것은 더 이상 탐구가 아니므로 창조적 연구를 없애야 합니다. 보십시오, 인정할 수 있는 요소가 있어야 한다면 자신의 개인적 탐구방법이어야 합니다.

문화에의 도전: 순수 예술 공간

"주제를 바꾸어 봅시다. 문화로 인한 관계는 어떤 부류입니까?"

RP : 본능적으로 언제나 나는 이 커다란 말에 매우 의문을 갖고 있습니다. 먼저 문화건물—퐁피두센터—에서 이것을 증명했습니다. 내가 말한다면 이것은 "반문화 빌딩(anti-cultural building)"이며 위협적 오만에 대응한 자극입니다. 거의 우연하게 문화적 프로젝트를 수행하기 시작했고 많은 프로젝트를 했으며 역시 재미있게 끝마쳤습니다. 그 중에는 〈퐁피두센터〉, 〈IRCAM(Pierre Boulez와 Luciano Berio와 같이 한 음악연구 센터)〉, 〈Luigi Nono의 Prometeo를 위한 음향공간〉, 휴스톤에 있는 〈Menil Collection Museum〉, Turin의 〈Calder 전시관〉 등이 있습니다. 모든 이러한 프로젝트는 자극적 요소를 포함합니다. 사실, 순수예술에 대해 건축분야에서 진부한 작업이 일반적입니다. 나는 또한 〈퐁피두센터〉와 〈Menil Collection Museum〉의 커다란 차이점을 강조하고 싶습니다. 전자에 대해서는 논의했고, 후자는 거꾸로 조용한 자극이었습니다. 우수성의 전통적 명성이 그만큼 중요한, 역사적 기념비를 갖추지 못한 휴스톤의 환경 때문입니다. 만약 어떤 것이 필요하다면 그것은 균형입니다. 본래 자연은 무엇보다 중요합니다.

고의로 옛 개척지의 집이 있는 교외 대지를 선택했습니다. 집은 푸른 초목으로 둘러싸여 있으며 열대성 정원이 가로지르고 있습니다. 그러나 기술적인 말로 균형은 역시 필수였습니다. 〈Menil Collection Museum〉은 〈퐁피두센터〉에서 보다 좀더 기술을 요했습니다. 전시하기 위해서가 아닙니다. 전시를 위해서는 필요치 않았습니다. 더욱이 휴스톤에서는 정반대로 작업을 수행할 대담성이 필요했습니다. 그리고 건축주로 매우 명확한 생각을 지닌 온화한 숙녀인 Dominigue de Menil은 어물거리지 않고 "큰 내부와 소규모 외부"의 건물을 원한다고 말했습니다. 기술의 신중한 사용으로 커다란 내부를 만들었습니다. 활발하고 변화 있는 여과된 햇볕이 쬐어 개방된 공기 속에 있는 것과 같은 내부를 찾았습니다. "외부의 소규모"는 기념비적일 수 없으며 그것이 우리가 별로 두드러지지 않은 건물을 설계하게 된 이유입니다.

"문화적 도전에 대해 좀더 말씀해 주십시오."

RP : 또 하나의 아주 좋은 예로 튜린에 있는 Palazzo a Vela의 〈Calder 전시관〉이 있습니다. 건물은 박물관과 전혀 닮지 않았으므로 완전했습니다. 예술가 역시 완전했습니다. Alexander Calder는 틀림없이 "문화"란 용어에 종종 동참하였던 거만하거나 전성기가 지난 예술가와는 거리가 멀었습니다. 행복한 장인 예술가이고 언제나 법칙과 균형을 찾고자 하는 사람이었습니다. 그때는 Shunjy, Ottavio, Enrico와 작업했습니다. 흥미롭게 어둠 속에 모든 것을 설치했습니다. 그래서 건축가와 건축은 두드러지지 않았습니다. 모든 것은 빛과 공기와 소리의 움직임에 근거하게 되었습니다. 모든 근본 요소는 비물질적이었습니다. 그 때 Luigi Nono와 함께 Prometeo가 왔습니다. 여기서 도전은 전통을 향한 고도의 흥미 유발이었습니다. 오케스트라가 앉아 있는 청중과 함께 오페라 무대에 그것이 있었습니다. Nono의 오페라는 마음으로 공연하는 곳으로 음악공간으로 구성됩니다. 그래서 방주의 종류나 거대한 음악악기처럼 연주하는 공간을 창조하려는 생각을 가졌습니다. 이러한 매우 특별한 구조는 보트 중 하나이고 항상 나를 유혹하는 주제로 남았다는 것은 우연이 아닙니다. 보트는 나 자신이 이용하기 위해 언제나 스스로 디자인하는 몇 안 되는 것 중 하나입니다. 파손된 레코드에서 나는 소리를 원치 않습니다. 그러나 여기서도 역시 많은 관련분야의 교류가 되풀이되어 왔습니다.

24

25

26

27

복 원 : 법 칙 의 탐 구

"복원과 혼합된 기술적, 인간적 경험은 당신이 가장 좋아하는 두 가지 주제입니다."

RP : 그렇습니다. 그것은 밀접하게 연결되어 있기 때문입니다. 복원은 옛 건물을 복구하는 문제를 발생시킵니다. 이 혼합의 가장 성공적인 예는 〈Schlumberger Industrial Camplex〉의 개선입니다. 이것은 내가 UNESCO에 항상 제안했던 Contiero Vivo 근처에 있습니다. 어떤 심각한 문제없이 거기서 개선작업을 하는 동안 2000명의 인원이 계속 작업했습니다. 이 경험은 Turin의 옛 〈FIAT Lingotto 공장 개선 프로젝트〉에 대해 매우 유용한 도움이 될 것입니다. 또 하나의 복원 프로젝트는 1922년 Genoa의 〈Columbus Celebrations〉입니다. 옛 항구의 커다란 부분의 공간을 제공하도록 개선될 것입니다.

미 래

"미래에 대해 말씀해 주십시요."

RP : 우리 사무실은 완전히 국제적입니다. 12개의 각기 다른 나라에서 50명의 인원이 사무실에서 작업하고 있습니다. 4개 언어로 말하며 모두가 고도로 활동적입니다. 모두 3개 사무실에서 몇 개의 큰 프로젝트 작업을 하고 있습니다. 제노아(이탈리아), 파리와 휴스톤(올 말에 로스엔젤레스로 곧 이동할 것입니다). 이 프로젝트 중 2, 3개는 여전히 신비로운 무대입니다. 아직 생각이 떠오르지 않았기 때문이지만 점차적으로 구체화되고 있습니다. 이 정적 단계 동안이 시작됩니다. 이 단계에서는 사고와 행동이 분리된 피상적 건축가만이 자신 있게 설계를 시작합니다. 등뒤로 두 손을 묶어놓고 기다려야 합니다. 새로운 모험에서 윤곽이 형체화 될 때까지 인내해야 합니다. 이 프로젝트 중 몇 개는 서부 이탈리아에 있는 Matera의 고대 지하지역(UNESCO와 함께)이며 팔라디오의 Vicenza Basilica가 있는 곳입니다. 순항함으로 250m의 긴 배를 만드는 Fincantieri 조선소, 캘리포니아의 〈Newport Art Museum〉 등입니다. 이런 모든 프로젝트에서 인간적인 면은 물리적, 기술적인 면들과의 상호작용입니다. California의 새로운 박물관 역시 사실입니다. 아마 신성과 속세가 혼합된 LA의 기후와 특징이 무엇을 해야하는 가에 대한 아이디어를 제공합니다. 아마 문화와 여가시간을 관련시켜야 할 것입니다.

"당신과의 대화를 종결시켜야 할 시간입니다."

RP : 꼭 한가지 중요한 것을 말하고 싶습니다. 기술, 사회의 혁신으로 그런 풍부한 세계를 표현할 수 있는 언어를 찾는데 공헌하고 싶은 것입니다. 과거의 인용은 중요한 것을 포기하는 것과 같다는 생각을 갖고 있습니다. 반대로 시대의 확실한 표현이라면 위대한 창조적 도전과 가혹한 연구작업일 겁니다. 나는 이것만이 작업 가능한 과정이라고 생각합니다.

28

29

30

31

32

d Attitüden
und Video
useumsquartier
powered by
WIENER
STÄDTISCHE
P Karlsplatz
800 m frei
P Kärntner Straße
300 m frei
EINBAHN
1
1er
KUNSTHAL